U0228312

土石堤坝渗漏的波电场成像
诊断技术及其应用

赵明阶　汪　魁　刘　潘　著

科学出版社
北京

内 容 简 介

围绕土石堤坝的渗漏隐患，开发具有针对性的先进诊断技术，是病险水库除险加固中亟待解决的关键问题。本书详细介绍了土石堤坝渗漏的波电场成像诊断技术及其应用的最新研究成果，包括土石堤坝三维电场模拟与特征分析、土石堤坝三维波场模拟与特征分析、土石堤坝渗漏的三维电场成像正反演模型研究、土石堤坝渗漏的三维波场成像正反演模型研究、土石堤坝渗漏的三维波电场成像诊断模型试验研究、土石堤坝渗漏的三维波电场成像诊断技术及实现，以及工程应用。

本书可供水利水电工程、土木工程等相关专业的高年级学生参考，也可供水利工程设计、施工、监理、检测及相关科技人员阅读与参考。

图书在版编目(CIP)数据

土石堤坝渗漏的波电场成像诊断技术及其应用 / 赵明阶，汪魁，刘潘著. -- 北京：科学出版社，2024.11. -- ISBN 978-7-03-080311-5

Ⅰ. TV697.3

中国国家版本馆CIP数据核字第2024G8M883号

责任编辑：刘宝莉　乔丽维 / 责任校对：任苗苗
责任印制：肖　兴 / 封面设计：图阅社

科 学 出 版 社 出版
北京东黄城根北街 16 号
邮政编码：100717
http://www.sciencep.com
涿州市殷润文化传播有限公司印刷
科学出版社发行　各地新华书店经销

＊

2024年11月第 一 版　开本：720×1000 1/16
2024年11月第一次印刷　印张：13
字数：262 000
定价：128.00 元
(如有印装质量问题，我社负责调换)

前　言

我国已建成各类水库大坝近 10 万座，江河堤防 30 余万公里，但是大量现役土石坝和大堤始建于 20 世纪七八十年代，工程设计标准低、建设质量差、年久失修老化，现有近三分之一的堤坝均不同程度地存在各种病险隐患，在汛期高水位时极易产生管涌、流土、接触冲刷、接触流失等渗透破坏问题，危及城镇、主要交通干线等基础设施以及广大人民群众的生命财产安全。因此，为了有效查明土石堤坝渗漏产生的源头和溢出点，准确确定隐患在坝内的分布位置及影响范围，及时研判坝体渗漏发生的严重性，保障水利工程安全高效地发挥作用，有必要开展土石堤坝隐患诊断技术的研究。

由于土石堤坝结构的复杂性、材料的不连续性，以及环境对结构和材料参数的影响，特别是土石堤坝中水渗流规律复杂，其渗透路径往往受到坝体本身的压实度、土石比、均匀性等多种因素影响，导致土石堤坝的渗漏诊断异常复杂。因此，围绕土石堤坝的渗漏隐患，开发具有针对性的先进诊断技术，是水库除险加固中亟待解决的关键技术问题。

本书通过岩土力学、波动理论、电磁场理论、信号处理等多个学科的交叉，采用理论分析、室内试验、数值模拟、信号分析、图像处理、软件编制和现场测试等多种手段，首先，基于土石复合介质的波动传播特性和电场基本理论，分析含隐患土石堤坝的三维波场特征和电场特征；然后，建立土石堤坝渗漏的三维波场成像和电场成像的正反演模型，并通过模型试验验证土石堤坝渗漏的三维波电场成像诊断方法；最后，提出土石堤坝渗漏的波电场成像协同诊断技术及实施方法，并通过现场工程应用进行效果评价。

本书相关研究成果是在国家自然科学基金项目"土石坝渗漏波-电场耦合成像诊断技术"（50779081）和"基于三维波电场耦合全息成像的堤坝隐患诊断技术研究"（51279219）的资助下完成的，本书的出版得到了"交通运输行业高层次人才培养项目"的特别资助。同时，张欣博士、王日升博士、邹颖硕士、彭华君硕士、黄奎硕士、赵火焱硕士、余东硕士、王胜群硕士等参与了本书的部分研究工作，刘刚博士、陈泳江博士、王秋其硕士参与了本书的校对和插图绘制工作。在此，对他们一并表示衷心的感谢。

限于作者水平，书中难免存在不足之处，敬请读者批评指正。

目　　录

第1章 绪 论

我国已建成各类水库大坝近 10 万座，江河堤防 30 余万公里，在防洪减灾、供水保障、农业灌溉等方面发挥了重要作用，是保障我国防洪安全、供水安全、粮食安全，实现经济高质量发展，满足人民群众美好生活需要的重要基础设施。但是大量水库始建于 20 世纪七八十年代，工程建设标准低，运行时间长，功能老化严重，存在病险、超标洪水、管理缺失三大风险。国家高度重视水利工程的除险加固和病害治理工作，然而要对水库堤坝病害进行处治，关键的技术问题就是如何准确诊断堤坝的病害位置和类型，否则，加固将是无的放矢，不仅会造成建设资金的浪费，也不符合我国建设资源节约型社会的理念。为此，要进一步加大水利工程隐患探测和处理技术的研究及应用力度。因此，开展土石堤坝隐患的诊断与探测技术研究不仅具有重要的现实意义，而且也是国家实现可持续发展的必然要求。

关于大坝病害的诊断，在混凝土坝中有较多的检测手段和方法，如直接取芯样的破损检测及间接分析的拉拔、贯入阻力、回弹、超声回弹、核子法、超声波法等技术应用较为广泛。然而对于大多数土石堤坝，由于坝体存在结构类型的多样性，材料的非均质和不连续性、本构关系的不确定性及各向异性，荷载类型、组合以及施工方式等的多样性和随机性，大坝施工、扩建、加固、运行、管理以及环境对结构和材料参数影响的复杂性等，土石堤坝的病害诊断比混凝土坝更加复杂。特别是土石复合介质中水渗流规律复杂，其渗透路径往往受到坝体本身的压实度、土石比、均匀性等多种因素影响，使得混凝土坝采用的诊断技术在土石堤坝中难以应用。因此，围绕土石堤坝的渗漏隐患，开发具有针对性的先进诊断技术，是当前病险土石堤坝水库加固中亟待解决的关键技术问题。

鉴于此，本书综合采用理论分析、室内试验、数值模拟等多种手段，系统研究土石堤坝渗漏的波电场成像协同诊断技术，研究成果不仅符合我国水利工程建设与发展方向和需求，而且对推动水利工程病险诊断技术的进步具有极其重要的现实意义。

1.1 国内外研究现状

1.1.1 堤坝隐患诊断技术

关于堤坝隐患及渗漏的探测与诊断，除传统的人工巡视、钻探取样等方法外，主要借助物探手段，形成了较多的检测方法与技术。2008 年，水利行业标准《堤防隐患探测规程》(SL 436—2008)[1]出台，该规程规范了常见隐患的物探工作方法。近几十年来，自然电场法[2,3]、高密度电阻率法[4-6]、探地雷达法[7-9]、电磁法[10-12]、地震波法[13-15]、流场法[16-21]、示踪法[22-25]以及温度场测试[26-28]等各项技术不断得到应用，如郑灿堂[3]揭示了土坝过滤电场的基本特征，为应用自然电场检测土坝渗漏隐患的技术研究提供了理论依据；何继善等[16,17]研究了堤坝渗漏过程中的流场分布特征，并基于流场法原理研制了管涌探测仪；陈建生等[22-24]系统研究了堤坝隐患探测的天然示踪、环境同位素示踪以及温度示踪等方法。上述研究表明，电阻率法、探地雷达法和瑞利波法是相对成熟且可靠的堤坝隐患探测技术，但它们也都存在不同程度的问题和缺陷[29,30]。

土石堤坝隐患探测技术虽已开展了相关应用，但隐患的多样性、可变性、环境的复杂性等因素制约了隐患探测技术的发展。鉴于各种物探技术均存在局限性，发展采用综合物探技术和研究联合解译方法，已成为土石堤坝隐患诊断的重要发展方向[31-34]。

1.1.2 土石复合介质物性特征

土石复合介质物性特征的研究是采用物探方法解决土石堤坝隐患诊断问题的重要理论基础，土石堤坝渗漏的波电场成像诊断技术研究主要涉及土石复合介质的波动传播特性和电阻率特性。

1. 土石复合介质的波动传播特性

对于土体弹性波理论的研究大体可分为土体中的体波传播理论和面波传播理论两个方面。对土体中体波理论的研究始于 Biot[35-38]建立的流体饱和多孔介质波动传播理论，他预言了流体饱和多孔介质中三种体波(P1 波、P2 波和 S 波)的存在，该预言后被 Plona[39]的试验所证实。此后，de Boer 等[40]、门福录[41,42]、陈龙珠等[43]从不同的角度对该问题进行研究，不仅证实了 Biot 理论的正确性，还进一步促进了 Biot 理论的应用。在研究土体中体波的同时，土体中面波传播特性的研究也在不断深入。Miller 等[44]的研究表明，在半空间中瑞利波的能量为表面振源能量的主要部分；陈云敏[45]研发了面波频谱分析技术；夏唐代等[46]运用勒夫波的弥散特性反演地基参数；柴华友等[47]给出了弹性层状地基中表面波水平及竖向有效相速度一般解析表达式以及远场渐近表达式。这些研究为面波技术的应用奠定了坚实的理论基础。

对土体中波动理论的研究，一方面在理论上仍限于两相介质，另一方面未考虑土体结构本身的影响。要从理论上对这种影响进行深入的研究，必须以多相介质弹性特征理论研究为基础。在多相介质弹性特征方面，研究者从不同的角度出发，深入探索多相介质中弹性波的传播性质。如 Brandt[48]建立了球粒堆积体的弹性模型；Kuster 等[49,50]以散射波理论为基础研究了双相介质中的弹性问题；赵明阶[51]综合运用 White 气囊理论模型、等效流体模型、颗粒接触理论，推导了土石复合介质的理论波速和衰减计算公式；赵海波等[52]基于三相孔隙弹性介质理论，推导出两种不相混的、黏性的、可压缩的流体饱和孔隙介质瑞利波控制方程解析解。总之，土石介质的波动传播特性研究是运用波动测试技术解决土石介质物理力学问题的重要理论基础。

2. 土石复合介质的电阻率特性

在土石复合介质的电阻率特性理论研究方面，较为成熟是纯土或者岩石介质电阻率特性的研究。1942 年，美国测井工程师 Archie[53]利用饱和无黏性土的电阻率数据，建立了电阻率和孔隙结构特征的联系，提出了适用于饱和无黏性土的电阻率理论模型。但 Archie 经典关系式自提出后，岩土工程领域未得到重视和应用，直到 20 世纪七八十年代才逐渐受到关注，研究者开始对土的电阻率特性进行深入研究。研究表明，土的电阻率主要取决于一些重要结构参数，如孔隙率、孔隙形状、孔隙结构、饱和度、孔隙液体的电阻率、固体颗粒成分、颗粒形状、颗粒定向性以及固化状态等[54-58]。

因此，通过测试土的电阻率，可获得能反映土体内部结构特征及其变化过程的参数，且这些参数与土体的宏观力学参数紧密相连，并能反映一些结构性土的特殊性质。例如，Aristodemou 等[59]利用电阻率测试技术对垃圾填埋场的污染特性进行了研究，建立了电阻率特性指标和污染土渗透系数之间的关系；宋杰等[60]提出了基于电阻率特性的非饱和土压实度快速定量评价方法及其实现流程；储亚等[61]通过电阻率相关指标对膨胀土的膨胀特性进行了预测。

总之，应用电阻率参数进行土的结构特征研究，将从根本上克服传统的土体结构研究的困难，并能有效提高土体结构指标测试的可操作性和一致性。然而，现有研究多以细颗粒的土介质为研究对象，对于土石复合介质的电阻率特性研究还较少，但是单纯土体电阻率特性的研究已经为土石复合介质电阻率特性的研究奠定了坚实的基础。

1.1.3 三维波动散射层析成像

关于计算机层析成像(computed tomography, CT)技术的研究可追溯到 20 世纪 70 年代初期，Hounsfield[62]研制出推动医学技术革命的第一台医用 CT 机，大大推动了不可见物体的 CT 技术研究热潮。波动层析成像技术中具有代表性的是地震层析成像、电磁波层析成像和超声波层析成像技术，其基本原理大同小异。波动层析成像技术以射线理论的旅行时间延迟借助古典拉东变换实现反演[63]，近几十年来，发展了以波动方程为基础的层析成像方法，其中通过投影重建图像的一系列具体技术得到了应用[64-66]。

波动层析成像技术在工程检测中的研究与应用，无论是走时层析成像还是散射层析成像，早期大多集中在二维成像。要获得三维工程结构图像，必须布置多条测线进行层析成像处理，但采用二维近似获得的理论波动信号与实测的具有三维效应的波动信号存在较大差异，导致成像过程中误差增大，同时还会丢失反映工程结构内部构造的波动信息，因此三维波动层析成像技术的应用还存在困难。在 20 世纪 80 年代后，研究地球构造的地球物理学家们开始研究三维层析成像技术，如 Snieder[67]提出了三维面波全息成像方法，其经典工作是采用模式耦合法模拟面波散射，给出了面波散射的完美数学描述，随后 Maupin[68]将该方法推广到任意各向异性介质情形，实现了面波的多次散射。

目前，三维波动层析成像技术已在地下工程中得到广泛使用，并取得了良好的效果[69,70]。这些研究成果为实施土石堤坝三维波动全息成像奠定了良好的基础。

1.1.4　三维电阻率层析成像

自 20 世纪 80 年代中期以来，借鉴医学电阻抗 CT、电磁波 CT 和地震波 CT 等技术，研究者开始把层析成像引入电法勘探中，以便更真实地揭示稳定电流场中的电阻率变化。1987 年，Shima 等[71]首次提出了电阻率层析成像(resistivity tomography, RT)一词，并提出了反演解译的方法。随后，研究者围绕理论、试验到应用从不同角度对这一问题开展了研究[72-78]，如 Jomard 等[75]利用电阻率层析成像技术查明了滑坡体的结构和地下水流动规律，确定了滑动面的最大深度；Liu 等[76]将改进的遗传算法运用到三维电阻率反演中，降低了目标函数解的非唯一性和病态性，有效提高了探测精度；Kneisel 等[77]运用三维电阻率层析成像技术在多年冻土地区进行地貌调查，增加了对地面和地下结构特征的了解；Kiflu 等[78]证明了电极植入技术能够提高电阻率成像的分辨率和深度。上述研究表明，电阻率层析成像作为物探前沿技术，具有广泛的应用前景。

关于三维电阻率层析成像，正演算法通常采用有限差分法、有限元法和边界单元法等数值分析方法。Dey 等[79]将混合边界引入有限差分法中，对任意形状的三维地质体进行了正演模拟；Wang 等[80]基于快速离散正弦变换，提高了四阶简化差分格式在 Dirichlet 边界条件下计算泊松方程的精度，并能得到有效运用；张钱江等[81]在多源直流电阻率法有限元三维数值模拟中提出一种近似边界条件方法，在实现快速迭代的同时提高了数值精度。

反演算法一般采用圆滑约束的最小二乘反演方法。该方法在某些情况下存在多解性较强的问题，普遍耗时较长，严重制约了三维电阻率反演方法的推广与发展。针对上述问题，刘斌等[82]基于预条件共轭梯度算法和 Cholesky 分解法的特点提出了一套优化三维电阻率反演计算效率的计算方案；尹洪东等[83]提出混合正则化反演方法，有效地改善了三维电阻率成像效果；李术才等[84]提出了反演方程中施加不等式约束、设计并行算法的解决思路。

目前，三维电阻率层析成像技术已经有了一定的工程应用，但仍然存在三维正演和反演算法的改进、多解性的降低、现场观测系统的优化等一系列问题，需要进一步深入研究。

1.2　本书主要研究内容

本书围绕土石堤坝渗漏的波电场成像诊断技术，通过岩土力学、波动理论、电磁场理论、信号处理等多个学科的交叉，采用理论分析、室内试验、数值模拟、信号分析、图像处理、软件编制和现场土石堤坝测试等多种手段，从含隐患土石堤坝的三维波电场特征、土石堤坝渗漏的三维波电场成像正反演模型、土石堤坝渗漏的三维波电场成像诊断技术实施方法等方面开展研究。

1)土石堤坝三维电场模拟与特征分析

通过对土石堤坝的三维电场进行数值模拟，研究无隐患和含隐患土石堤坝的三维电场特征，分析隐患材料特性、电源条件对土石堤坝三维电场的影响规律。在此基础上，采用模型试验进一步验证含隐患土石堤坝的三维电场分布特征，为深入研究基于电场测试方法的堤坝隐患诊断技术提供科学依据。

2)土石堤坝三维波场模拟与特征分析

通过对土石堤坝的三维波场进行数值模拟，研究无隐患和含隐患土石堤坝的三维波场特征，分析不同隐患材料、隐患尺寸、隐患位置对土石堤坝三维波场的影响规律。在此基础上，采用模型试验进一步验证含隐患土石堤坝的三维波场特征，为深入研究基于波动测试方法的堤坝隐患诊断技术提供科学依据。

3)土石堤坝渗漏的三维电场成像正反演模型研究

基于电阻率层析成像的正反演理论模型，研究土石堤坝渗漏的三维电阻率层析成像实现方法，并通过无隐患和含渗漏隐患土石堤坝的数值模型试验，对该实现方法进行可靠性检验，以此为电阻率层析成像在土石堤坝渗漏检测中的应用奠定基础。

4)土石堤坝渗漏的三维波场成像正反演模型研究

运用最短路径射线追踪算法和拉东变换理论，构建土石堤坝渗漏的三维波场成像的正反演模型，并通过编制软件实现正反演算法，在此基础上，通过数值模型试验验证正反演算法的可靠性，以此为波动层析成像在土石堤坝渗漏检测中的应用奠定基础。

5) 土石堤坝渗漏的三维波电场成像诊断模型试验研究

研究土石复合介质室内击实试件的波电参数测试方法，为堤坝渗漏诊断提供基础参数，在此基础上，通过土石堤坝渗漏模型试验，研究土石堤坝渗漏的三维波电场成像诊断方法，对比分析波速成像和电阻率成像的优缺点，为下一步实现土石堤坝渗漏的波电联合成像诊断奠定基础。

6) 土石堤坝渗漏的三维波电场成像诊断技术及实现

研究土石堤坝渗漏的波电场耦合成像诊断的观测系统与解释方法，在此基础上，基于小波变换理论研究土石堤坝渗漏诊断的图像处理方法，并编制开发土石堤坝渗漏诊断的图像处理软件，最后基于现场波电场测试方法和土石堤坝渗漏诊断方法，研究土石堤坝渗漏的三维波电场成像诊断技术实施程序，为开展工程应用奠定基础。

7) 工程应用

结合典型工程，开展现场波动测试和电阻率测试，利用波电场成像技术进行协同诊断，分析大坝存在的渗漏隐患，检验提出的土石堤坝渗漏的波电场成像诊断技术的应用效果，并为水库除险加固提供技术指导。

参 考 文 献

[1] 中华人民共和国水利部. 堤防隐患探测规程(SL 436—2008)[S]. 北京: 中国水利水电出版社, 2008.

[2] 郑灿堂. 应用自然电场法检测土坝渗漏隐患的技术[J]. 地球物理学进展, 2005, 20(3): 854-858.

[3] 郑灿堂. 土坝自然电场的分布特点[J]. 地球物理学进展, 2006, 21(2): 665-669.

[4] 底青云, 王妙月, 严寿民, 等. 高密度电阻率法在珠海某防波堤工程中的应用[J]. 地球物理学进展, 1997, 12(2): 79-88.

[5] 李文忠, 孙卫民, 周华敏. 堤防隐患时移高密度电法探测技术探究[J]. 人民长江, 2019, 50(9): 113-117, 174.

[6] 孙卫民, 孙大利, 李文忠, 等. 基于时移高密度电法的堤防隐患探测技术[J]. 长江科学院院报, 2019, 36(10): 157-160, 184.

[7] 曾提, 徐兴新, 李富才. 地质雷达在湖南邵阳金江水库坝体隐患探测中的应用研究[J]. 物探与化探, 1997, 21(5): 386-393.

[8] 田锋, 王国群. 西北地区水库土石坝渗流隐患探地雷达图像特征分析[J]. 物探与化探, 2006, 30(6): 554-557.

[9] 刘世奇, 李钰. 基于MATLAB的探地雷达堤坝隐患探测仿真研究[J]. 大坝与安全, 2011, (4): 53-56.

[10] 刘广明, 杨劲松, 李冬顺. 基于电磁感应原理的堤坝隐患探测技术及其应用[J]. 岩土工程

学报, 2003, 25(2): 196-200.

[11] 杨伐, 刘稳, 张平松. 堤坝管涌隐患瞬变电磁法探测模拟研究[J]. 工程地球物理学报, 2014, 11(1): 36-39.

[12] 孙忠, 冀振亚, 王德荣, 等. 瞬变电磁法在堤坝渗漏隐患探测中的应用[J]. 地质装备, 2018, 19(3): 13-15, 23.

[13] 王书增, 谭春, 陈刚, 等. 面波法在堤坝隐患勘查中的应用[J]. 地球物理学进展, 2005, 20(1): 262-266.

[14] 潘纪顺, 高东攀, 冷元宝, 等. 堤坝隐患的天然源面波成像试验研究及应用[J]. 资源环境与工程, 2016, 30(3): 306-310.

[15] 赵明阶, 邹颖, 张欣. 含隐患土石堤坝的三维波场数值模拟及其特征分析[J]. 水利学报, 2016, 47(5): 599-607.

[16] 何继善. 堤防渗漏管涌"流场法"探测技术[J]. 铜业工程, 2000, (1): 5-8.

[17] 何继善, 邹声杰, 汤井田. 流场法探测堤防管涌渗漏异常的分布实验[C]//大坝安全与堤坝隐患探测国际学术研讨会, 西安, 2005.

[18] 戴前伟, 张彬, 冯德山, 等. 水库渗漏通道的伪随机流场法与双频激电法综合探查[J]. 地球物理学进展, 2010, 25(4): 1453-1458.

[19] 舒连刚, 杨威, 胡清龙. 伪随机流场法在水库渗漏检测中的应用[J]. 工程地球物理学报, 2012, 9(3): 332-336.

[20] 白广明, 张守杰, 卢建旗, 等. 流场法探测堤坝渗漏数值模拟及分析[J]. 河海大学学报(自然科学版), 2018, 46(1): 52-58.

[21] 蹇超, 孙红亮. 伪随机流场法在黏土心墙坝渗漏检测中的应用[J]. 工程地球物理学报, 2020, 17(3): 373-379.

[22] 陈建生, 李兴文, 赵维炳. 堤防管涌产生集中渗漏通道机理与探测方法研究[J]. 水利学报, 2000, 31(9): 48-54.

[23] 陈建生, 董海洲, 陈亮. 采用环境同位素方法研究北江大堤石角段基岩渗漏通道[J]. 水科学进展, 2003, 14(1): 57-61.

[24] 陈建生, 杨松堂, 刘建刚, 等. 环境同位素和水化学在堤坝渗漏研究中的应用[J]. 岩石力学与工程学报, 2004, 23(12): 2091-2095.

[25] 王涛, 陈建生, 王婷. 熵权-集对分析模型探测堤坝渗漏[J]. 岩土工程学报, 2014, 36(11): 2136-2143.

[26] 朱萍玉, 蒋桂林, 冷元宝. 采用分布式光纤传感技术的土坝模型渗漏监测分析[J]. 中国工程科学, 2011, 13(3): 82-85, 96.

[27] 曾明明, 陈建生, 王婷, 等. 堤坝渗漏瞬态温度场模型[J]. 水利水电科技进展, 2013, 33(4): 10-13.

[28] 何宁, 丁勇, 吴玉龙, 等. 基于分布式光纤测温技术的堤坝渗漏监测[J]. 水利水运工程学

报, 2015, (1): 20-27.

[29] 张辉, 杨天春. 堤坝隐患无损探测研究应用进展[J]. 大坝与安全, 2013, (1): 29-34.

[30] 周华敏, 肖国强, 周黎明, 等. 堤防隐患物探技术研究现状与展望[J]. 长江科学院院报, 2019, 36(12): 164-168.

[31] 陈洁金, 朱自强, 戴亦军, 等. 堤坝隐患综合物探方法研究与应用[J]. 地质灾害与环境保护, 2005, 16(1): 101-104.

[32] 赵明阶, 余东, 赵火炎. 土石坝渗漏的波速-电阻率联合成像诊断试验研究[J]. 水利学报, 2012, 43(1): 118-126.

[33] 谭磊, 李红文, 江晓益, 等. 综合多维物探技术在岩溶堤防查漏中的应用研究[J]. 湖南大学学报(自然科学版), 2018, 45(S1): 128-132.

[34] 刘艳秋, 徐洪苗, 胡俊杰. 综合物探方法在水库堤坝隐患探测中的应用[J]. 工程地球物理学报, 2019, 16(4): 546-551.

[35] Biot M A. Theory of propagation of elastic waves in a fluid-saturated porous solid. Ⅰ. Low-frequency range[J]. The Journal of the Acoustical Society of America, 1956, 28(2): 168-178.

[36] Biot M A. Theory of propagation of elastic waves in a fluid-saturated porous solid. Ⅱ. Higher frequency range[J]. The Journal of the Acoustical Society of America, 1956, 28(2): 179-191.

[37] Biot M A. Mechanics of deformation and acoustic propagation in porous media[J]. Journal of Applied Physics, 1962, 33(4): 1482-1498.

[38] Biot M A. Generalized theory of acoustic propagation in porous dissipative media[J]. The Journal of the Acoustical Society of America, 1962, 34: 1254-1264.

[39] Plona T J. Observation of a second bulk compressional wave in a porous medium at ultrasonic frequencies[J]. Applied Physics Letters, 1980, 36(4): 259-261.

[40] de Boer R, Kowalski S J. A plasticity theory for fluid-saturated porous solids[J]. International Journal of Engineering Science, 1983, 21(11): 1343-1357.

[41] 门福录. 波在饱含流体的孔隙介质中的传播问题[J]. 地球物理学报, 1981, 24(1): 65-76.

[42] Men F L. One dimensional wave propagation in fluid-saturated porous elastic media[J]. Acta Mathematica Scientia, 1984, 4(4): 441-450.

[43] 陈龙珠, 吴世明, 曾国熙. 弹性波在饱和土层中的传播[J]. 力学学报, 1987, 19(3): 276-283.

[44] Miller Q F, Pursey H. On the partition of energy between elastic waves in a semi-infinite solid[J]. Proceedings of the Royal Society of London. Series A, Mathematical and Physical Sciences, London, 1955, 233(1192): 55-69.

[45] 陈云敏, 吴世明, 曾国熙. 表面波频谱分析法及其应用[J]. 岩土工程学报, 1992, 14(3): 61-65.

[46] 夏唐代, 陈云敏, 吴世明. 成层地基中 Love 波的弥散特性[J]. 浙江大学学报(自然科学版),

1992, 26（S1）: 81-87.

[47] 柴华友, 张电吉, 韦昌富, 等. 层状地基中表面波有效相速度[J]. 岩土工程学报, 2009, 31（6）: 892-898.

[48] Brandt H. A study of the speed of sound in porous granular media[J]. Journal of Applied Mechanics, 1955, 22（4）: 479-486.

[49] Kuster G T, Toksöz M N. Velocity and attenuation of seismic waves in two-phase media: Part 1. The oretical formulations[J]. Geophysics, 1974, 39（5）: 587-606.

[50] Kuster G T, Toksöz M N. Velocity and attenuation of seismic waves in two-phase media: Part 2. Experimental results[J]. Geophysics, 1974, 39（5）: 607-618.

[51] 赵明阶. 根据波速计算多相土石地基压实度的理论模型[J]. 水利学报, 2007, 38（5）: 618-623.

[52] 赵海波, 陈树民, 李来林, 等. 流体饱和度对 Rayleigh 波传播影响研究[J]. 中国科学: 物理学 力学 天文学, 2012, 42（2）: 148-155.

[53] Archie G E. The electrical resistivity log as an aid in determining some reservoir characteristics[J]. Transactions of the American Institute of Mining Engineers, 1942, 146（1）: 54-62.

[54] Huntley D. Relations-between permeability and electrical resistivity in granular aquifers[J]. Groundwater, 1986, 24（4）: 466-474.

[55] Worthington P F. The uses and abuses of the archie equations, 1: The formation factor-porosity relationship[J]. Journal of Applied Geophysics, 1993, 30（3）: 215-228.

[56] 查甫生, 刘松玉, 杜延军, 等. 非饱和黏性土的电阻率特性及其试验研究[J]. 岩土力学, 2007, 28（8）: 1671-1676.

[57] 孙树林, 李方, 谌军. 掺石灰黏土电阻率试验研究[J]. 岩土力学, 2010, 31（1）: 51-55.

[58] 朱广祥, 郭秀军, 余乐, 等. 高黏粒含量海洋土电阻率特征分析及模型构建[J]. 吉林大学学报（地球科学版）, 2019, 49（5）: 1457-1465.

[59] Aristodemou E, Thomas-Betts A. DC resistivity and induced polarisation investigations at a waste disposal site and its environments[J]. Journal of Applied Geophysics, 2000, 44（2-3）: 275-302.

[60] 宋杰, 李术才, 刘斌, 等. 基于电阻率特性的非饱和土压实度定量评价方法[J]. 长安大学学报（自然科学版）, 2015, 35（6）: 33-41.

[61] 储亚, 查甫生, 刘松玉, 等. 基于电阻率法的膨胀土膨胀性评价研究[J]. 岩土力学, 2017, 38（1）: 157-164.

[62] Hounsfield G N. Computerized transverse axial scanning (tomography): Part I. Description of system[J]. The British Journal of Radiology, 1973, 46（552）: 1016-1022.

[63] Norton S J, Linzer M. Ultrasonic reflectivity tomography: Reconstruction with circular

transducer arrays[J]. Ultrasonic Imaging, 1979, 1(2): 154-184.

[64] Kak A C, Slaney M. Principles of Computerized Tomography Imaging[M]. New York: IEEE Press, 1988.

[65] 徐小明, 史大年, 李信富. 有限频层析成像方法研究进展[J]. 地球物理学进展, 2009, 24(2): 432-438.

[66] 张明辉, 刘有山, 侯爵, 等. 近地表地震层析成像方法综述[J]. 地球物理学进展, 2019, 34(1): 48-63.

[67] Snieder R. The influence of topography on the propagation and scattering of surface waves[J]. Physics of the Earth and Planetary Interiors, 1986, 44(3): 226-241.

[68] Maupin V. A multiple-scattering scheme for modelling surface wave propagation in isotropic and anisotropic three-dimensional structures[J]. Geophysical Journal International, 2001, 146(2): 332-348.

[69] 董远浪. 地震层析成像技术在隧道施工地质预报中的应用[J]. 能源与环保, 2019, 41(2): 88-91.

[70] 邓乐翔, 吕宝辉, 代云清, 等. 三维地震折射层析成像技术在工程勘察中的应用[C]//第十五届全国工程物探与岩土工程测试学术大会, 厦门, 2017.

[71] Shima H, Sakayama T. Resistivity tomography: An approach to 2-D resistivity inverse problems[C]//Society of Exploration Geophysicists SEG Technical Program Expanded Abstracts, New Orleans, 1987.

[72] Li Y G, Oldenburg D W. Approximate inverse mappings in DC resistivity problems[J]. Geophysical Journal International, 1992, 109(2): 343-362.

[73] Sasaki Y. Resolution of resistivity tomography inferred from numerical simulation[J]. Geophysical Prospecting, 1992, 40(4): 453-463.

[74] Séger M, Cousin I, Frison A, et al. Characterisation of the structural heterogeneity of the soil tilled layer by using in situ 2D and 3D electrical resistivity measurements[J]. Soil and Tillage Research, 2009, 103(2): 387-398.

[75] Jomard H, Lebourg T, Guglielmi Y, et al. Electrical imaging of sliding geometry and fluids associated with a deep seated landslide (La Clapière, France)[J]. Earth Surface Processes and Landforms, 2010, 35(5): 588-599.

[76] Liu B, Li S C, Nie L C, et al. 3D resistivity inversion using an improved Genetic Algorithm based on control method of mutation direction[J]. Journal of Applied Geophysics, 2012, 87(12): 1-8.

[77] Kneisel C, Emmert A, Kästl J. Application of 3D electrical resistivity imaging for mapping frozen ground conditions exemplified by three case studies[J]. Geomorphology, 2014, 210: 71-82.

[78] Kiflu H, Kruse S, Loke M H, et al. Improving resistivity survey resolution at sites with limited spatial extent using buried electrode arrays[J]. Journal of Applied Geophysics, 2016, 135: 338-355.

[79] Dey A, Morrison H F. Resistivity modeling for arbitrarily shaped three-dimensional structures[J]. Geophysics, 1979, 44(4): 753-780.

[80] Wang H Q, Zhang Y, Ma X, et al. An efficient implementation of fourth-order compact finite difference scheme for Poisson equation with Dirichlet boundary conditions[J]. Computers & Mathematics with Applications, 2016, 71(9): 1843-1860.

[81] 张钱江, 戴世坤, 陈龙伟, 等. 多源条件下直流电阻率法有限元三维数值模拟中一种近似边界条件[J]. 地球物理学报, 2016, 59(9): 3448-3458.

[82] 刘斌, 李术才, 李树忱, 等. 基于不等式约束的最小二乘法三维电阻率反演及其算法优化[J]. 地球物理学报, 2012, 55(1): 260-268.

[83] 尹洪东, 杨怀章, 薛亚茹, 等. 基于混合正则化的最小二乘三维电阻率反演成像[J]. 中国石油大学学报(自然科学版), 2015, 39(5): 72-81.

[84] 李术才, 王传武, 聂利超, 等. 基于松弛变量的不等式约束三维电阻率并行反演方法研究[J]. 岩石力学与工程学报, 2016, 35(6): 1122-1132.

第2章 土石堤坝三维电场模拟与特征分析

土石堤坝隐患通常包括各种裂缝、洞穴、松软层等类型，这些隐患的存在容易使土石堤坝发生渗透破坏，进而产生渗漏通道，严重时可造成溃坝[1]。当渗漏通道出现后，堤坝内部会逐步形成集中渗流，通道内具有较高的含水量，导电性强，使得电场作用下的渗漏隐患常表现为低阻体；孔、洞等隐患内部的气体导电性较差，导致电场作用下的渗漏隐患常表现为高阻体。常规电阻率探测技术正是利用这种导电性的差别来识别隐患。然而在堤坝隐患探测时，如果测线没有布置在隐患正上方，地下的目标体往往就不能被准确反映出来，特别是错综复杂的渗漏路径，导致检测和识别隐患的难度进一步增大[2]。因此，分析不同隐患条件下的电场特征是提高电阻率探测技术识别精度的关键。

为了获得含不同隐患特性土石堤坝的三维电场，提取隐患引起的异常信息，本章基于土石堤坝的三维电场分析模型，采用有限差分法分别对无隐患和含不同隐患特性的土石堤坝三维电场特征进行研究，并通过模型试验进行验证。

2.1   土石堤坝三维电场模拟的基本方法

2.1.1   土石堤坝三维电场分析的基本理论

1. 泊松方程

在稳定电流场中，设土石堤坝坝体介质的电导率为 $\sigma(x, y, z)$，电势为 $U(x, y, z)$，坝顶某点 $A(x_A, y_A, z_A)$ 处有一电流大小为 I 的电流源，当堤坝的电阻率呈均匀分布时，有

$$\frac{\partial^2 U}{\partial x^2} + \frac{\partial^2 U}{\partial y^2} + \frac{\partial^2 U}{\partial z^2} = -2I\rho\delta(x - x_A, y - y_A, z - z_A) \tag{2.1}$$

式中，δ 为狄拉克函数；ρ 为电阻率。

2. 边界条件与衔接条件

稳定电流场分布于整个土石堤坝坝体，进行计算时需在坝体边界上对电势函数 U 赋予边值条件。在堤坝坝顶施加一点电流源，采用的模型边界条件如下。

(1)表面边界 Γ_1 条件(第二类边界条件)：

$$\frac{\partial U}{\partial n} = 0 \tag{2.2}$$

(2)其余边界 Γ_2 条件(第一类边界条件):

$$U = U_0 \tag{2.3}$$

在坝体区域 Ω 内,当含有隐患时,即存在电导率为 σ_1 和 σ_2 的介质界面,该界面处的电势和电流密度法向分量应具有连续性,由此构成如下衔接条件。

(1)电势的连续性:

$$U_1(x,y,z) = U_2(x,y,z) \tag{2.4}$$

(2)电流密度法向分量的连续性:

$$\sigma_1 \frac{\partial U_1}{\partial n} = \sigma_2 \frac{\partial U_2}{\partial n} \tag{2.5}$$

2.1.2　基于有限差分法的三维电场分析方法

有限差分法将地下空间划分为若干长方体,用其中心点表示该长方体的电势,各个中心点上电势函数的差商来近似代替该点的偏导数,把要求解的边值问题转化为求解关于中心节点电势的线性方程组[3,4]。有限差分正演计算过程包括网格划分、构建差分方程组和解线性方程组。

(1)网格划分。取一个相当大的长方体作为研究区域,建立直角坐标系,将研究区域划分为若干小长方体,每个长方体称为一个单元,边长视为步长,顶点称为交点,这样把地下连续空间离散为许多小长方体和节点。一般来说,网格划分可以是均匀的或者非均匀的,网格划分越细,结果精度越高,但是此时节点数目也会急剧增加,因而需要的计算时间和计算机内存就会增大。解决计算速度与精度这一矛盾的方法是采用变步长,即在目标体所在区域适当减小步长,在远离目标体的区域适当加大步长。

(2)构建差分方程组。在有限差分方程中包含电源项,由狄拉克函数的性质可知,在点源处常数项 $f \to \infty$,除点源外,$f = 0$。因此,当点源位于电势节点上时,差分方程便不能计算。为了消除奇异点,增加计算精度,通常采用解析计算和数值计算相结合的方法,利用解析计算得到均匀地下介质的正常电势,用有限差分法算出由异常体引起的异常电势,将两个值相加得到实际总电势。

(3)解线性方程组。要得到总电势,计算出异常场电势是关键,通常方程组系数矩阵是大型稀疏带状和对角占优的,可以利用超松弛迭代法进行求解。超松弛迭代法算法简单，存储量少，用时短。

2.1.3　土石堤坝三维电场分析的概化模型

设土石堤坝均匀填筑，坝体材料可简化为均质材料，即坝体具有相同的电导率。实际工程中，土石堤坝的隐患包含渗漏、裂缝、洞穴和局部松散体等较多类型，其形状结构具有强烈的不规则性，为了便于模拟分析，将堤坝隐患统一概化为等截面贯穿式渗漏通道，并将其视为等电导率体。建立的无隐患土石堤坝的概化模型和含隐患土石堤坝的概化模型分别如图 2.1 和图 2.2 所示。

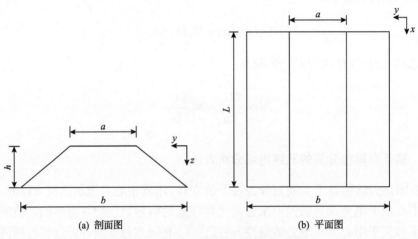

图 2.1　无隐患土石堤坝的概化模型

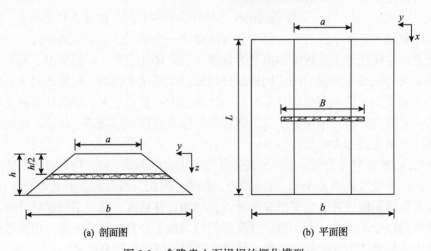

图 2.2　含隐患土石堤坝的概化模型

2.2　无隐患土石堤坝三维电场模拟与特征分析

2.2.1　无隐患土石堤坝三维电场分析的有限差分模型

坝体电阻率设为 20Ω·m，电源为两个异性电荷，均设置于坝顶轴线，正电荷坐标为(3.6m, 5.5m, 0)，负电荷坐标为(7.2m, 5.5m, 0)，建立的无隐患土石堤坝的有限差分模型如图 2.3 所示。将堤坝通过均匀网格划分为 7 层，每层中心间距 0.4m，每个网格单元大小为 0.5m×0.18m×0.4m，共计 8820 个单元和中心节点。

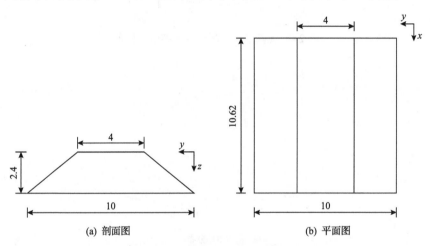

(a) 剖面图　　　　　　　　(b) 平面图

图 2.3　无隐患土石堤坝的有限差分模型(单位：m)

2.2.2　堤坝三维电场分布特征

无隐患土石堤坝的三维电场分布如图 2.4 所示。可以看出，电场方向起于正电荷指向负电荷，并呈中心对称分布，电场强度在电源附近较大且变化较快，远离电源后逐渐减小且变化较慢，两电源间的电场强度先减小后增大。从总体上看，电场的分布特征较为规则，未产生局部区域的电场强度突变和电场方向异常偏转等现象。

各单层坝体的电场分布特征基本一致，无隐患土石堤坝第 3 层坝体的电场分布如图 2.5 所示。可以看出，该层坝体的电场方向起于正电荷指向负电荷，并呈中心对称分布，电场强度较大区域集中于电源下方，且变化较快，两电源中间的电场强度先减小后增大，电场在两电源中间变化较慢。

无隐患土石堤坝第 1 层坝体的电场分布如图 2.6 所示。可以看出，该层电场起于正电荷指向负电荷，并呈水平对称分布，电源处电场强度较大，远离电源逐渐减小，在靠近电源附近电场变化较快，中间位置变化较平缓。

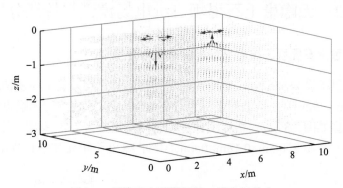

图 2.4　无隐患土石堤坝的三维电场分布

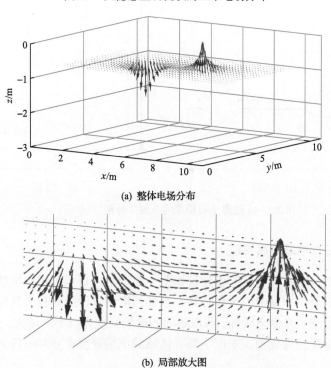

(a) 整体电场分布

(b) 局部放大图

图 2.5　无隐患土石堤坝第 3 层坝体的电场分布

2.2.3　坝顶电势差分析

按温纳装置的跑极方式进行电势差数据采集，采集剖面为坝轴线所在剖面。在坝轴线上布置 60 根电极(电极间距 0.18m)，计算两点电源的电场分布，每次计算后先按照温纳装置的跑极规律找到对应两点的电势，再相减获得电势差。分析

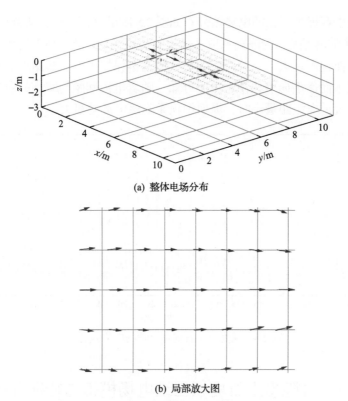

(a) 整体电场分布

(b) 局部放大图

图 2.6　无隐患土石堤坝第 1 层坝体的电场分布

时根据跑极规律，由数据点数反推该次测量对应的坝顶电极布置位置，从而得到该次数据点对应的坝顶位置。

温纳装置电极排列方式如图 2.7 所示。A、B 为供电电极，M、N 为测量电极，$AM=MN=NB$ 为一个电极间距，随着隔离系数 n 由最大值逐渐减小到最小值，四个电极之间的间距也均匀收拢。该装置适用于固定断面扫描测量，测量断面为倒梯形。

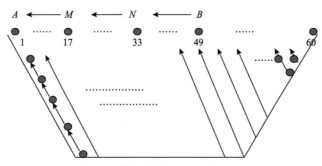

图 2.7　温纳装置电极排列方式

无隐患土石堤坝坝顶的电势差分布如图 2.8 所示。可以看出,从首个数据点(起始点)到首个波峰结束,为隔离系数从最大到最小循环一次,坝顶电势差随着隔离系数的减小而逐渐增大,波峰对应的最大值基本保持不变;起始点随着隔离系数最大值的减小而逐渐向上移动。由此可知,随着电极间距的减小,对应的地表电势差逐渐增大,电极距最小时,堤坝坝顶无隐患电势差最大。

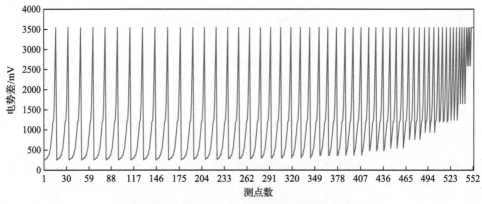

图 2.8　无隐患土石堤坝坝顶的电势差分布

2.3　含隐患土石堤坝三维电场模拟与特征分析

2.3.1　含隐患土石堤坝三维电场分析的有限差分模型

含水平斜向隐患土石堤坝的有限差分模型如图 2.9 所示。在土石堤坝模型内

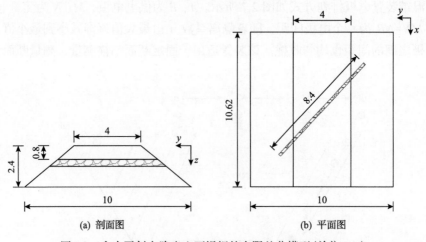

(a) 剖面图　　　　　　　　　　(b) 平面图

图 2.9　含水平斜向隐患土石堤坝的有限差分模型(单位:m)

设置一水平斜向隐患,大小为 8.4m×0.18m×0.4m,用以模拟含贯穿式渗漏通道的隐患条件。该隐患分别设为电阻率5Ω·m的低阻隐患和电阻率100Ω·m的高阻隐患,取同一尺寸和相对位置。堤坝坝体电阻率(背景)设为 20Ω·m,电源为两个异性电荷,均设置于坝顶轴线,正电荷坐标为(3.6m, 5.5m, 0),负电荷坐标为(7.2m, 5.5m, 0)。将堤坝通过均匀网格划分为 7 层,每层中心间距 0.4m,每个网格单元大小为0.5m×0.18m×0.4m,共计 6300 个单元和中心节点。

2.3.2　含低阻隐患土石堤坝三维电场特征分析

1. 堤坝三维电场分布特征

含低阻隐患土石堤坝的三维电场分布如图 2.10 所示。可以看出,电场方向起于正电荷指向负电荷,电场强度在两电源附近较大,远离电源处较小。与无隐患土石堤坝的三维电场分布相比,坝体第 1 层(坝顶层)与第 3 层之间存在一水平斜向的电场异常区域。

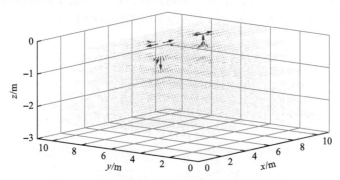

图 2.10　含低阻隐患土石堤坝的三维电场分布

含低阻隐患土石堤坝第 3 层坝体的电场分布如图 2.11 所示。可以看出,异常区域的电场强度有所增大,电场方向发生明显偏转,距离中心区越近,偏转角度

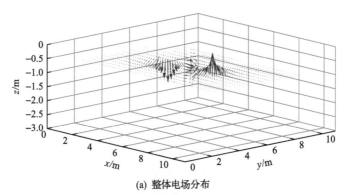

(a) 整体电场分布

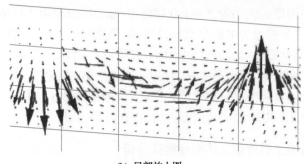

(b) 局部放大图

图 2.11　含低阻隐患土石堤坝第 3 层坝体的电场分布

越大,且都偏向异常区中心,在靠近异常区边缘,电场强度有所减弱。对比低阻隐患设置位置可知,该电场异常区位置与低阻隐患设置位置基本重合。

含低阻隐患土石堤坝第 1 层坝体的电场分布如图 2.12 所示。可以看出,顶层电场中有一水平斜向电场区异于周围电场,该区域电场强度有所减弱。结合低阻隐患布置位置分析,该电场异常区大致位于低阻隐患的上方。

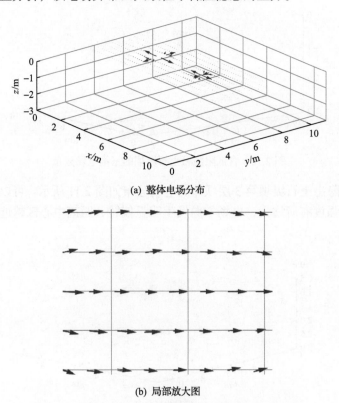

(a) 整体电场分布

(b) 局部放大图

图 2.12　含低阻隐患土石堤坝第 1 层坝体的电场分布

　　对比坝体第 1 层和第 3 层的电场分布可知，坝体内部电场异常区的分布范围与坝顶电场异常区的分布范围基本对应，坝体内部电场异常区电场强度增强，坝顶电场异常区电场强度减弱，表明坝体内部异常区电场强度的增强与坝顶电场异常区电场强度的减弱存在相关性，该现象明显是由低阻隐患导致的，由此进一步说明坝体内低阻隐患的存在会引起坝顶电场产生变化。

　　2. 坝顶电势差分析

　　含低阻隐患土石堤坝坝顶的电势差分布如图 2.13 所示。可以看出，起始点会随着隔离系数最大值的减小逐渐向上移动，同时堤坝坝顶的电势差随着隔离系数的减小逐渐增大，波峰对应的最大值每次循环出现一定差异。进一步对比图 2.8 与图 2.13 可以看出，有一电势差最大值相对较小的区域，参照低阻隐患布置的位置，能够判断该区域在低阻隐患所在位置的上方。

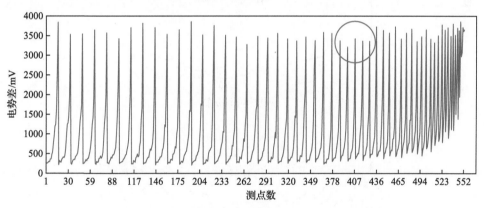

图 2.13　含低阻隐患土石堤坝坝顶的电势差分布

2.3.3　含高阻隐患土石堤坝三维电场特征分析

　　1. 堤坝三维电场分布特征

　　含高阻隐患土石堤坝的三维电场分布如图 2.14 所示。可以看出，电场方向起于正电荷指向负电荷，电场强度在两电源附近较大，距离越大，电场强度越小。与无隐患土石堤坝的三维电场分布相比，坝体第 1 层与第 3 层之间同样存在一电场异常区域。

　　含高阻隐患土石堤坝第 3 层坝体的电场分布如图 2.15 所示。可以看出，异常区域的电场强度有所减弱，电场方向发生明显偏转，距离中心区越近，偏转角度越大，且都偏离异常区中心，在靠近异常区边缘，电场强度有所增强。对比高阻隐患设置位置可知，该电场异常区位置与高阻隐患设置位置基本重合。

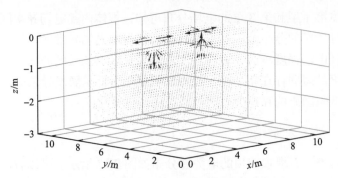

图 2.14　含高阻隐患土石堤坝的三维电场分布

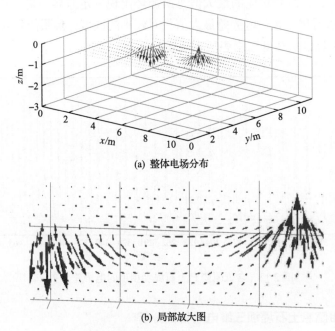

(a) 整体电场分布

(b) 局部放大图

图 2.15　含高阻隐患土石堤坝第 3 层坝体的电场分布

　　含高阻隐患土石堤坝第 1 层坝体的电场分布如图 2.16 所示。可以看出，该层电场中有一水平斜向电场区异于周围电场，该区域电场强度有所增强。结合高阻隐患布置位置分析，该电场异常区大致位于高阻隐患的上方。

　　对比坝体第 1 层和第 3 层电场分布可知，坝体内部电场异常区的分布范围与坝顶电场异常区的分布范围基本对应，坝体内部电场异常区电场强度减弱，坝顶电场异常区电场强度增强，说明坝体内部异常区电场强度的减弱与坝顶电场异常区电场强度的增强存在相关性，进一步说明坝体内高阻隐患的存在同样会引起坝顶电场产生变化。

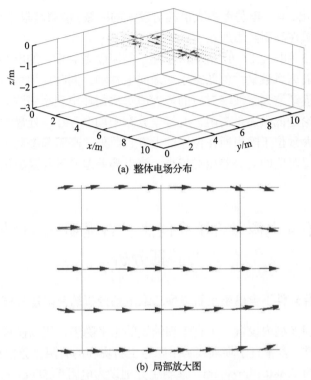

(a) 整体电场分布

(b) 局部放大图

图 2.16　含高阻隐患土石堤坝第 1 层坝体的电场分布

2. 坝顶电势差分析

含高阻隐患土石堤坝坝顶的电势差分布如图 2.17 所示。可以看出，起始点随着隔离系数最大值的减小逐渐向上移动，同时堤坝坝顶的电势差随着隔离系数的减小逐渐增大，波峰对应的最大值每次循环出现一定差异。进一步对比图 2.8 与

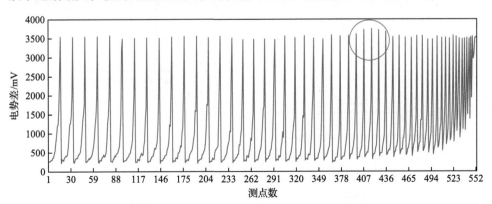

图 2.17　含高阻隐患土石堤坝坝顶的电势差分布

图 2.17 可以看出,有一电势差最大值相对较大的区域,参照高阻隐患布置的位置,能够判断该区域在高阻隐患所在位置的上方。

对比图 2.13 和图 2.17 可以看出,含低、高阻隐患时坝顶的电势差变化基本一致,起始点随隔离系数最大值的减小逐渐向上移动,同时堤坝坝顶电势差随着隔离系数的减小逐渐增大,波峰对应的最大值每次循环出现小幅波动。当坝体内存在隐患时,无论是低阻还是高阻,电势差分布中均会存在一处最大值相对异常的区域,该区域大致位于隐患所在位置的上方;此外,高阻隐患对应的电势差相对较大,低阻隐患对应的电势差相对较小,该电势差差异区与隐患位置具有一定的对应关系。

2.4　不同电源条件下含隐患土石堤坝三维电场模拟与特征分析

2.4.1　不同电源条件下含隐患土石堤坝三维电场分析的有限差分模型

在土石堤坝模型内设置一垂直于坝轴线的水平隐患,用以模拟含贯穿式渗漏通道的隐患条件。含垂直于坝轴线水平隐患土石堤坝的有限差分模型如图 2.18 所示。隐患大小为 6m×0.18m×0.4m,该隐患分别设为电阻率 5Ω·m 的低阻隐患和电阻率 100Ω·m 的高阻隐患,取同一尺寸和相对位置。坝体电阻率(背景)设为 20Ω·m,电源设置在坝轴线上,单个电源条件下正电荷坐标为(4.4m, 4.4m, 0),异性电源条件下正电荷坐标为(2.8m, 4.4m, 0),负电荷坐标为(6.8m, 4.4m, 0)。模型计算采用有限差分法,将堤坝通过均匀网格划分为 7 层,每层中心间距 0.4m,每个网格单

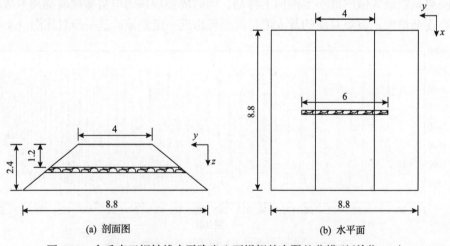

(a) 剖面图　　　　　　　　　(b) 水平面

图 2.18　含垂直于坝轴线水平隐患土石堤坝的有限差分模型(单位:m)

元大小为 0.4m×0.4m×0.4m，共计 3703 个单元和中心节点。

2.4.2　单个电源条件下含隐患土石堤坝三维电场特征分析

单个电源条件下含低阻隐患土石堤坝的三维电场分布如图 2.19 所示。可以看出：

（1）电场方向以正电荷为圆心呈放射状指向坝体深处，电场强度在电源附近较大，远离电源处较小。

（2）图 2.19（b）中，在坝体内部第 4 层区域，越靠近中心处的电场强度越大，电场方向发生明显偏转，均偏向该区域中心，且距离越小，偏转角度越大。

（3）图 2.19（c）中，该区域所在位置与低阻隐患布置位置基本一致，可知其为低阻隐患引起的电场异常区，且分布范围明显较大，对应的第 1 层坝体（坝顶层）电场减小的范围也较大。

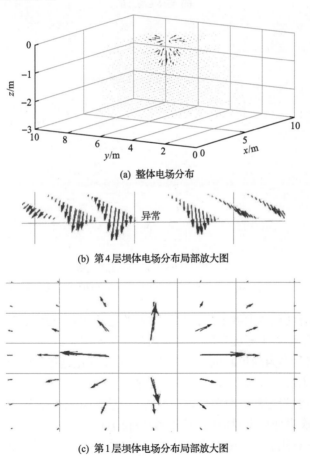

(a) 整体电场分布

(b) 第4层坝体电场分布局部放大图

(c) 第1层坝体电场分布局部放大图

图 2.19　单个电源条件下含低阻隐患土石堤坝的三维电场分布

　　单个电源条件下含高阻隐患土石堤坝的三维电场分布如图 2.20 所示。可以看出，电场方向以及电场强度的分布与含低阻隐患时的特征基本一致。在坝体内部同样存在一电场异常区，该区域中越靠近中心处的电场强度越小，这与含低阻隐患时正好相反。

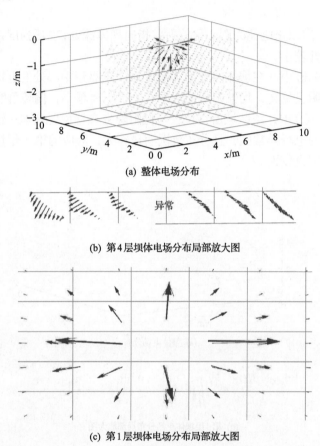

(a) 整体电场分布

(b) 第4层坝体电场分布局部放大图

(c) 第1层坝体电场分布局部放大图

图 2.20　单个电源条件下含高阻隐患土石堤坝的三维电场分布

　　提取坝顶沿坝轴线上的电势，相邻两点的电势相减得到电势差，单个电源条件下含低、高阻隐患土石堤坝坝顶的电势差分布如图 2.21 所示。可以看出：

　　(1)含低阻和高阻隐患时电源左右两侧电势差变化趋势相同，电势差在靠近电源处较大且变化快，远离电源处较小且变化慢。

　　(2)电源位置附近的电势差出现明显差异，且高阻隐患作用下对应的坝顶电势差较大，低阻隐患作用下对应的坝顶电势差较小。

　　(3)进一步对比低、高阻隐患的位置，该差异区域位于低、高阻隐患的上方，说明电势差差异区与隐患位置具有明确的对应关系。

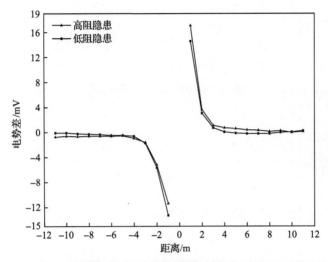

图 2.21 单个电源条件下含低、高阻隐患土石堤坝坝顶的电势差分布

2.4.3 异性电源条件下含隐患土石堤坝三维电场特征分析

异性电源条件下含低阻隐患土石堤坝的三维电场分布如图 2.22 所示。可以看出：

(1) 电场方向起于正电荷指向负电荷，电场强度在电源附近较大，远离电源处较小。

(2) 图 2.22(b) 中，在坝体内部第 4 层区域中，越靠近中心处的电场强度越大，电场方向发生明显偏转，均偏向该区域中心，且距离越小，偏转角度越大。

(3) 图 2.22(c) 中，该区域所在位置与低阻隐患布置位置基本一致，可知其为低阻隐患引起的电场异常区，且分布范围较小，对应的第 1 层坝体(坝顶层)电场减小的范围也较小。

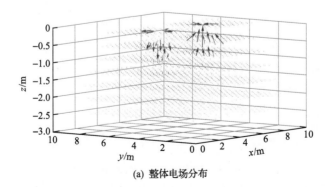

(a) 整体电场分布

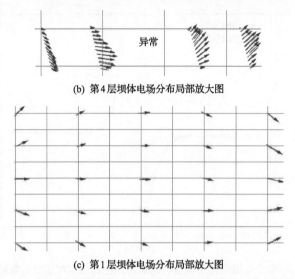

(b) 第4层坝体电场分布局部放大图

(c) 第1层坝体电场分布局部放大图

图 2.22 异性电源条件下含低阻隐患土石堤坝的三维电场分布

异性电源条件下含高阻隐患土石堤坝的三维电场分布如图 2.23 所示。可以看

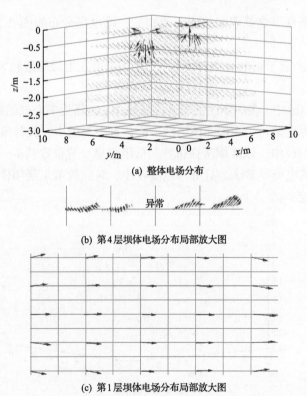

(a) 整体电场分布

(b) 第4层坝体电场分布局部放大图

(c) 第1层坝体电场分布局部放大图

图 2.23 异性电源条件下含高阻隐患土石堤坝的三维电场分布

出，电场的整体特征与异性电源条件下含低阻隐患土石堤坝基本一致。在坝体内部同样存在一电场异常区，该异常区的分布范围较小，对应的第 1 层坝体（坝顶层）电场减小的范围较小。

异性电源条件下含低、高阻隐患土石堤坝坝顶的电势差分布如图 2.24 所示。可以看出：

（1）含低阻和高阻隐患时正负电荷两侧电势差变化基本一致，隐患对应的地表电势差较小且变化慢，电势差在靠近电源处较大且变化快，远离电源处较小且变化慢。

（2）两点电源中间位置电势差大小不同，且高阻隐患作用下对应的坝顶电势差较大，低阻隐患作用下对应的坝顶电势差较小。

（3）进一步对比隐患布置位置，该差异区域位于隐患的上方，说明电势差差异区与隐患位置具有一定的对应关系，范围较小。

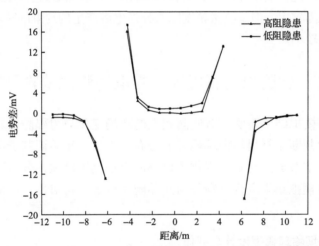

图 2.24　异性电源条件下含低、高阻隐患土石堤坝坝顶的电势差分布

综上所述，单个电源条件下含隐患土石堤坝的电场异常区较大，能够较好地辨别出隐患的大致位置，但对隐患的尺寸反映较差；异性电源条件下含隐患土石堤坝的电场异常区则较小，辨别隐患的能力较弱，容易造成漏测，但对隐患尺寸测量精度较高。

由于在实际电法勘探中，通过地表电场的分布了解地下地质结构，必须以地下介质引起地表电场产生明显改变为前提条件，因此在土石堤坝的隐患诊断过程中，可协同利用不同的电源测量装置，先使用单个电源装置找到隐患的大致位置，再使用异性电源装置对其进行精确测量，由此提高测量的效率和精度。

2.4.4　电源条件对含隐患土石堤坝三维电场特征的影响分析

通过对比单个电源和异性电源条件下含隐患土石堤坝的电场特征，可以得到电源条件对土石堤坝三维电场分布特征的影响。单个电源条件下，电流呈放射状在坝体中流动，电流密度主要受隐患分布的影响，低阻隐患处电流密度较大，高阻隐患处电流密度较小，从而影响土石堤坝的电场分布特征。同时影响深度越深，对应的坝顶电场变化范围越大，电势差变化范围也越大。因此，使用单个电源装置(如单极)对坝体隐患进行探测，测量精度较差，但测量范围和深度较大。

而异性电源条件下，电流方向起于正电荷指向负电荷，当隐患位于两电荷之间时，同样低阻隐患处电流密度较大，高阻隐患处电流密度较小，从而影响土石堤坝电场分布特征。但是由于在异性电源条件下电流流动具有一定的方向性，对低阻隐患吸引电流和高阻隐患排斥电流的能力都有一定的约束，所以不会出现较大范围和较大深度的电场改变，对应的坝顶电场变化范围也较小，电势差变化范围也就较小。因此，使用异性电源装置(如温纳)对坝体隐患进行探测，测量精度较高，测量范围较大，但是测量精度随着异性电源产生的约束的减弱逐渐减小，所以测量深度较小。

2.5 含隐患土石堤坝三维电场测试试验研究

本章数值模拟结果表明，对应测线上的电场变化与内部隐患具有明显的相关性，可据此判断土石堤坝内部隐患的分布。为进一步验证基于电场特征推测隐患的方法，本节通过土石堤坝物理模型的电场测试试验，分析现场实测电信号，根据数值模拟结果进行解释并与实际隐患设置进行对比，从而验证数值模拟结果。

2.5.1 土石堤坝物理模型设计与制作

1. 土石堤坝物理模型设计

土石堤坝物理模型如图 2.25 所示。土石堤坝模型坝顶长 10.7m、宽 1.5m，坝底长 8.8m、宽 10.5m，高 3m，上、下游坡度均为 1 : 1.5。

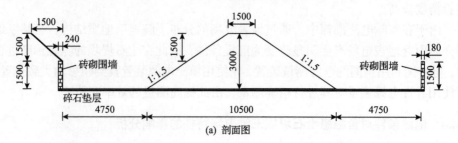

(a) 剖面图

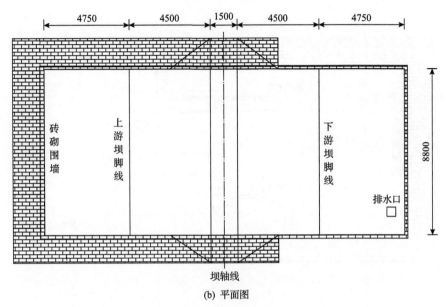

图 2.25　土石堤坝物理模型(单位：mm)

2. 隐患布置与设计

针对土石堤坝常见的渗漏类型，在坝体内预设贯穿式渗漏通道，用于模拟坝体由于填筑材料粒径过大、动物筑巢或填筑密实度低(孔隙率大)等渗漏情况，含隐患土石堤坝物理模型如图 2.26 所示。

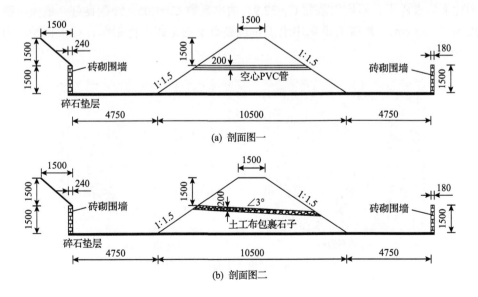

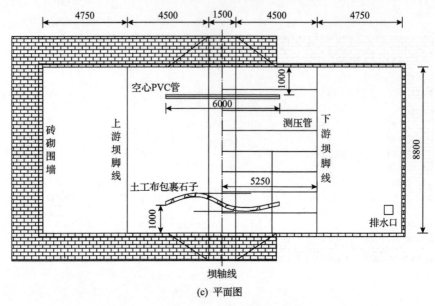

坝轴线

(c) 平面图

图 2.26　含隐患土石堤坝物理模型(单位：mm)

3. 模型压实与渗漏通道制作

渗漏通道与土石堤坝模型制作如图 2.27 所示。模型底板先后铺设碎石层和水泥石粉，砖砌围墙与地板连接良好，墙内抹砂浆，确保底板围墙均不漏水。堤坝坝体采用打夯机分层夯实填筑，控制每层土填筑厚度在 30～40cm，填筑材料为强风化泥岩破碎土，不均匀系数 C_u=32.9，曲率系数 C_c=1.05，级配良好，最大干密度为 2.09g/cm³。渗漏通道采用土工布包裹石子的方式进行制作，石子直径约为10cm。

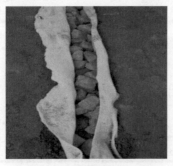

(a) 渗漏通道　　　　　　　　　(b) 模型实体

图 2.27　渗漏通道与土石堤坝模型制作

2.5.2　土石堤坝三维电场测试试验

1. 电场测试与数据采集

测线布置如图 2.28 所示。在坝顶沿轴线方向布置 2 条测线，测线间距 0.5m。每条测线布置 60 根电极，电极间距 0.18m。在模型制作完成后蓄水至 1.5m，待水通过渗漏通道渗出后，静置一天保持水位不变，随后依次完成测试工作。试验采用高密度电法仪，选择温纳装置进行数据采集，设置最大隔离系数为 16。

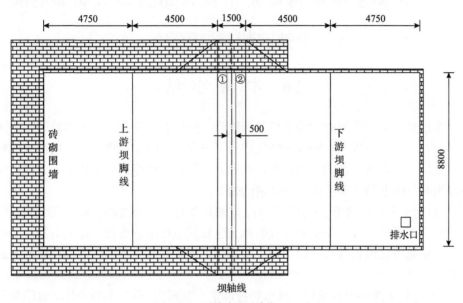

图 2.28　测线布置(单位：mm)

2. 电势差分析

试验所得坝轴线上的电势差分布如图 2.29 所示。可以看出，电势差的变化规律和数值模拟结果基本一致，但存在离散性较大的现象，部分区域出现较大和较小的电势差，偏离了正常值。图中标注有一坝顶电势差较小的区域，该区域约在坝体的中部，通过与隐患埋设位置比较，证实电势差较小的区域位于隐患的正上方，在低阻隐患的上方都有一电势差较小的范围出现，这一现象验证了正演数值模拟的正确性。

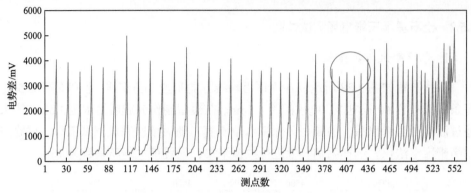

图 2.29　坝轴线上的电势差分布

2.6　本章小结

本章基于土石堤坝的三维电场分析模型，采用有限差分法，分别对无隐患和含不同隐患的土石堤坝三维电场特征进行了研究，阐明了隐患特性、电源条件对土石堤坝三维电场的影响规律，在此基础上采用模型试验进一步验证了含隐患土石堤坝的三维电场分布特征。研究结论如下：

（1）当土石堤坝含低、高阻隐患时，隐患四周电场的强度和方向会发生明显变化，形成电场异常区，并引起对应的地表电场发生相应的变化，地表电势差分布特征与隐患所在位置具有一定的对应关系，可据此判断土石堤坝内部隐患的大致分布。

（2）电源条件对土石堤坝三维电场特征也存在影响，单个电源条件下含隐患土石堤坝的电场变化范围较大，导致对应坝顶的电场变化范围较大，实际测量中有利于探测隐患所在位置，但不利于探测隐患尺寸大小；而异性电源条件下含隐患土石堤坝的电场变化范围较小，导致对应坝顶的电场变化范围较小，实际测量中不利于探测隐患所在位置，但有利于探测隐患尺寸大小。

参 考 文 献

[1] 谭界雄, 位敏, 徐轶, 等. 水库大坝渗漏病害规律探讨[J]. 大坝与安全, 2019, (4): 12-19.

[2] 苏怀智, 周仁练. 土石堤坝渗漏病险探测模式和方法研究进展[J]. 水利水电科技进展, 2022, 42(1): 1-10, 39.

[3] Zhao S K, Yedlin M J. Some refinements on the finite-difference method for 3-D DC resistivity modeling[J]. Geophysics, 1996, 61(5): 1301-1307.

[4] 邓正栋, 关洪军, 聂永平, 等. 稳定地电场三维有限差分正演模拟[J]. 石油物探, 2001, 40(1): 107-114.

第3章 土石堤坝三维波场模拟与特征分析

在物探中广泛使用的地震勘探方法是利用波动在地质体内部的传播,不同介质产生的波动不一样,因此相互干扰产生散射,如同最直观的光波在不同界面上发生折射、反射。波在不同介质中产生的旅行时间不同,通过旅行时间可以反演弹性波在坝体内部的路径[1]。浅层地震勘探中主要是人工激发地震波,通过地震波在介质内传播的时间以及振幅等波动参数反演介质参数,达到间接测试介质性质的目的。含隐患土石堤坝的三维波场特征是利用波动测试信号识别土石堤坝内部隐患的前提和基础,而坝体中不同的隐患材料、隐患尺寸以及隐患位置将导致不同的波场响应特征。由于土石堤坝的几何特征及其边界条件异于同类型材料下的半无限空间介质,无法直接引用地质勘探总结出的规律及其研究成果,因此需要针对波在土石堤坝中的传播进行深入分析。

为了获得含不同隐患特性的波场特征和波动测试信号的畸变规律,便于成像诊断过程中对堤坝隐患性质的分析和诊断解释,本章基于土石堤坝的三维波场分析模型,采用有限元法分别对无隐患和含不同隐患土石堤坝的三维波场特征进行研究,并通过模型试验进行验证。

3.1 土石堤坝三维波场模拟的基本方法

3.1.1 土石堤坝三维波场分析的基本理论

1. 波动方程

工程勘探中使用的弹性波波长一般都远大于介质内的孔隙尺度,为了便于分析,将土石堤坝在宏观上按照等效连续介质来描述[2],同时对于施工结束较长时间、已经沉降稳定的土石堤坝,不再考虑由自重沉降引起的纵向差异,因此土石堤坝的三维波动传播可用各向同性弹性体波动方程描述:

$$(\lambda + 2G)\nabla^2 \boldsymbol{u} - G\nabla \times \nabla \times \boldsymbol{u} + \rho \boldsymbol{F} = \rho \frac{\partial^2 \boldsymbol{u}}{\partial t^2} \tag{3.1}$$

式中,$\boldsymbol{F}$ 为随着时间变化的荷载向量;G 为介质的剪切模量;t 为时间变量;$\boldsymbol{u}$ 为随着时间变化的位移向量;λ 为拉梅系数;ρ 为介质的密度;∇ 为拉普拉斯算子。

2. 基于有限元法的波动理论

有限元法是基于变分原理进行差值求解节点位移的，即把已知的连续体划分成有限个单元体，每个单元都有对应的有限个节点，并通过这些节点相互连接起来，那么划分成的有限个单元就是对连续体的一种近似处理。根据选定的单元类型，利用其对应的形函数，将整个单元的位移反演到每个节点上，再利用弹性（或弹塑性）理论中的变分原理，代入几何方程、本构方程，得到单元各个节点力与位移之间的关系，将所有节点组合起来，形成一组关于节点位移的方程组，求解出节点的位移分量即可。这样就避免了直接求解复杂介质下波动方程的解析解，只要精度达到即可很好地逼近解析解。

从虚功原理出发，基于 Hooke 定律、Cauchy 方程、Navier 方程，可以直接导出弹性波的有限元方程，用来解决弹性波传播的波场问题。基于有限元法的波动方程为

$$\boldsymbol{M}\ddot{u}(t) + \boldsymbol{C}\dot{u}(t) + \boldsymbol{K}u(t) = \boldsymbol{F}(t) \tag{3.2}$$

式中，$\boldsymbol{C}$ 为结构的阻尼矩阵；$\boldsymbol{F}(t)$ 为结构所受的外力矩阵，是一个随时间变化的量；$\boldsymbol{K}$ 为结构的刚度矩阵，主要与结构的弹性系数有关；$\boldsymbol{M}$ 为结构的质量矩阵；$u(t)$ 为结构的位移矩阵；$\dot{u}(t)$ 为结构的速度矩阵；$\ddot{u}(t)$ 为结构的加速度矩阵。

该动力平衡方程中，唯一的未知数就是随时间变化的位移场，与波动方程的求解目的一致。不同的物理模型实际上主要与边界条件、本构模型、初始条件这三大因素有关，因此只要选定合适的本构关系和条件，就可以在有限元通用软件中建立不同类型介质体的波动模型进行求解。

3.1.2 土石堤坝三维波场分析的参数要求

1. 震源描述

地震勘探中通常采用锤击式震源施加方式，在数学模型上可将其看成包含一定频谱的脉冲波[3]。因此，将震源设置于坝顶表面，并采用三角形脉冲函数对震源进行模拟，其大小可以表示为

$$F(t) = \begin{cases} 2Aft, & 0 \leqslant t \leqslant t_0 \\ 2Aft_0 + 2Af(t - t_0), & t_0 < t \leqslant T_0 \end{cases} \tag{3.3}$$

式中，A 为激振力最大幅值；f 为波动荷载函数的主频，主频大小直接代表着频带的宽度；t_0 为波动荷载主峰时刻；T_0 为震源周期。

2. 边界条件

由于模型尺寸有限，截断边界会产生强烈的反射，因此有必要在边界吸收反

射波能量，避免边界反射波对波场分析的干扰。可以采用改进后的黏弹性边界条件，在截断的人工边界上设置一系列的弹簧和阻尼器用以吸收边界造成的波动反射[4,5]。改进后的黏弹性边界条件的弹簧刚度系数 K 和阻尼系数 C 取值为

法向：

$$\begin{cases} K = \dfrac{1}{1+\psi_k} \dfrac{\lambda+2G}{R} \\ C = \psi_c \rho v_p \end{cases} \tag{3.4}$$

切向：

$$\begin{cases} K = \dfrac{1}{1+\psi_k} \dfrac{G}{R} \\ C = \psi_c \rho v_s \end{cases} \tag{3.5}$$

式中，R 为边界节点距离震源的半径；v_p 为纵波波速；v_s 为横波波速；ψ_c 为阻尼调节系数；ψ_k 为刚度调节系数。

3. 网格划分

有限元的基本思想是将模型离散，而波动传播是一个连续的过程，因此有限元模型的几何划分势必影响到波动传播的精确性。模型网格越密集，计算精度越高，但要考虑到网格划分产生的单元节点增多导致计算时长以及内存需求的增大。因此，在计算时要选择合理的网格尺寸，在保证精度的前提下缩短计算时长和存储空间。对于周期确定的谐波，从理论上网格尺寸应满足 $h<l_\lambda$（h 为网格尺寸，l_λ 为波长），为增加精度，一般取小于半个波长。通常网格尺寸对波速没有影响，但会影响波动传播过程的观察，导致实际动态响应值有较大误差，一般土石堤坝三维有限元模型的网格划分应满足

$$h < \left(\dfrac{1}{5} \sim \dfrac{1}{2} \right) l_\lambda \tag{3.6}$$

3.1.3　土石堤坝三维波场分析的概化模型

根据土石复合介质等效弹性特征，土石堤坝模型中坝体材料可简化为几种均质材料，包括坝体、坝基及岸坡。为了排除非隐患因素，不考虑坝基的不规则性以及岸坡本身对土石堤坝波场的影响，以均质土石堤坝作为分析对象，重点针对密实度差异造成的形状相对规则的渗漏通道隐患，在数值模拟分析时将其归为一类分析，因密实度差异造成的不同缺陷在材料属性上采用密度和弹性模量的折减

来描述，隐患的截面形式主要考虑圆形和四边形两种类型，据此建立的无隐患和含隐患土石堤坝的概化模型如图 3.1～图 3.4 所示。

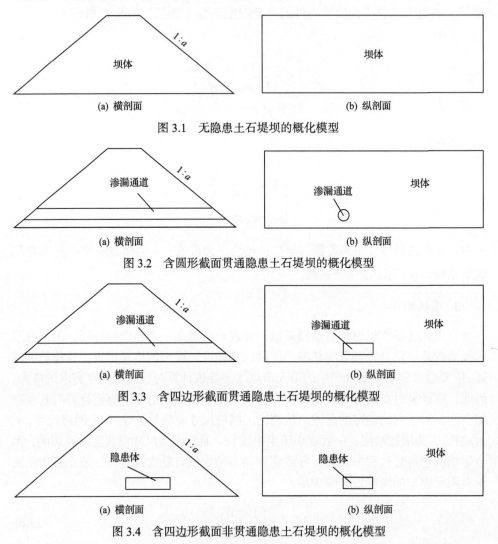

图 3.1　无隐患土石堤坝的概化模型

图 3.2　含圆形截面贯通隐患土石堤坝的概化模型

图 3.3　含四边形截面贯通隐患土石堤坝的概化模型

图 3.4　含四边形截面非贯通隐患土石堤坝的概化模型

3.2　无隐患土石堤坝三维波场模拟与特征分析

3.2.1　土石堤坝三维波场分析的有限元模型

无隐患土石堤坝的几何模型如图 3.5 所示，其中 N 为通道数，Δz 为通道间距。坝体材料参数如表 3.1 所示。分析计算时采用四面体实体单元体，坝体网格尺寸为 1m；取分析时长为 0.8s，Δt =1ms。

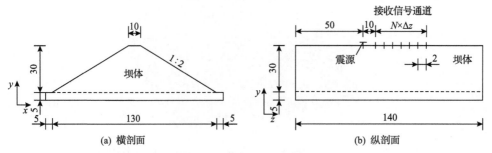

(a) 横剖面   (b) 纵剖面

图 3.5   无隐患土石堤坝的几何模型（单位：m）

表 3.1   坝体材料参数

密度/(kg/m³)	弹性模量/Pa	泊松比	纵波波速/(m/s)	横波波速/(m/s)
2200	5.16×10⁸	0.3	561.9	300.35

震源设置为：A=–2×10⁵N，f =25Hz，t_0=0.02s，震源周期 T=0.04s，位于坝轴线上，方向竖直向下。

设置测线平行于坝轴线方向，测点间距为 2m。通过试算，拟定 ψ_k =1.328、ψ_c =1.173 为模型的吸收边界条件调整系数。

3.2.2   波动传播特征分析

波动传播可通过质点的振动位移来表示，因此提取不同时刻的整体波场图，对波在土石堤坝中的传播特征进行分析。不同时刻无隐患土石堤坝 x、y、z 方向的位移分布如图 3.6～图 3.8 所示。可以看出，在土石堤坝内，波动由震源位置沿近似圆形的轨迹向四周传播，由于能量向四周传播扩散，远离震源位置的质点波

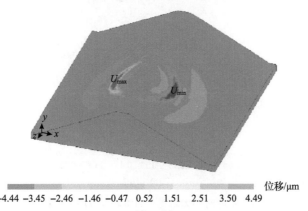

位移/μm

–4.44 –3.45 –2.46 –1.46 –0.47 0.52 1.51 2.51 3.50 4.49

(a) t=0.1s

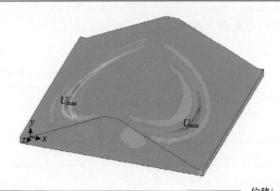

位移/μm

−3.29 −2.57 −1.86 −1.15 −0.44 0.28 0.99 1.70 2.42 3.13

(b) *t*=0.2s

图 3.6　不同时刻无隐患土石堤坝 *x* 方向的位移分布

U_{max}. 位移的最大值；U_{min}. 位移的最小值

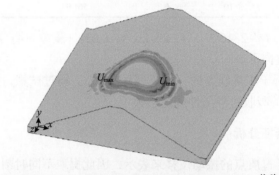

位移/μm

−6.62 −5.57 −4.53 −3.49 −2.45 −1.41 −0.37 0.68 1.72 2.76

(a) *t*=0.1s

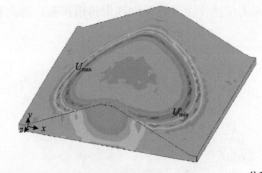

位移/μm

−3.29 −2.66 −2.04 −1.42 −0.79 −0.17 0.45 1.08 1.70 2.32

(b) *t*=0.2s

图 3.7　不同时刻无隐患土石堤坝 *y* 方向的位移分布

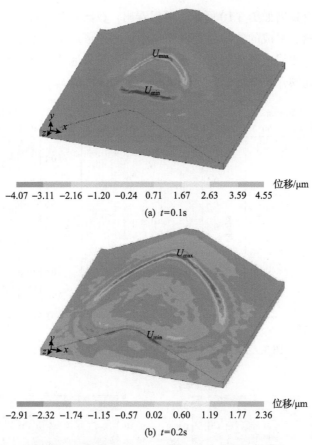

-4.07　-3.11　-2.16　-1.20　-0.24　0.71　1.67　2.63　3.59　4.55 位移/μm

(a) $t=0.1\text{s}$

-2.91　-2.32　-1.74　-1.15　-0.57　0.02　0.60　1.19　1.77　2.36 位移/μm

(b) $t=0.2\text{s}$

图 3.8　不同时刻无隐患土石堤坝 z 方向的位移分布

动振幅逐渐减小。无其他干扰时，波动传播后质点逐渐恢复至平衡位置，因此表现出波动传播过后的质点位移较小且近乎为 0 的现象。

3.2.3　坝顶表面波动信号特征分析

提取坝顶表面测线上测点的位移时程曲线，并按通道顺序排序成为反映堤坝整体波动的坝顶位移时程剖面。无隐患土石堤坝坝顶测线的位移时程剖面如图 3.9 所示。可以看出，图中具有清晰的固定斜率同相轴，表明无隐患土石堤坝波场信息十分规律地向四周传播出去，随着时间的推移，直达波过后无其他波动信息返回到坝顶。

对位移时程剖面上的所有位移时程曲线统一进行频率-波数 (F-K) 变换，得到坝顶测线剖面的整体频域特征，即为 F-K 频谱图。无隐患土石堤坝坝顶测线的位移时程剖面对应频谱如图 3.10 所示。可以看出，在同一条平行于坝轴线的坝顶测线上，由所有测点组成的位移时程剖面在频谱图中形成了一条固定斜率的能量集中线，表明同一测线上所有测点的相速度相近。无其他差异性相速度出现，说明坝顶测线接收到的介质波场信息比较单一，无其他扰动。

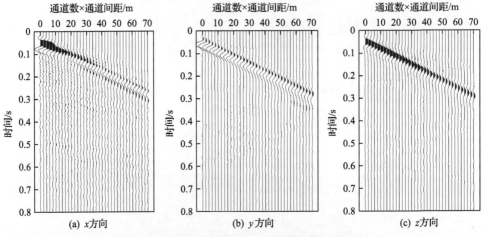

图 3.9　无隐患土石堤坝坝顶测线的位移时程剖面

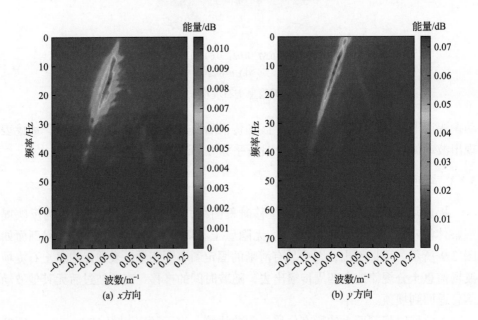

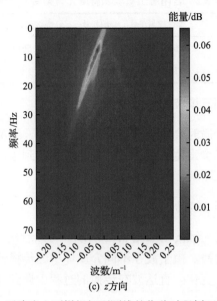

(c) z 方向

图 3.10　无隐患土石堤坝坝顶测线的位移时程剖面对应频谱

3.3　含隐患土石堤坝三维波场模拟与特征分析

3.3.1　含隐患土石堤坝三维波场分析的有限元模型

含隐患土石堤坝的几何模型如图 3.11 所示。在坝体内设置隐患为一条圆形截面的贯穿式渗漏通道，隐患网格尺寸为 0.5m，含隐患土石堤坝有限元模型材料参数如表 3.2 所示。土石堤坝坝体材料取值、实体单元体类型、网格尺寸、震源参数和测线布置同 3.2 节。

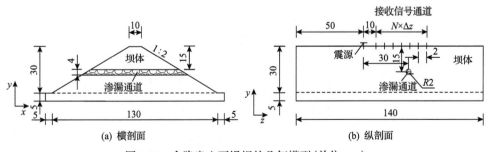

(a) 横剖面　　　　　　　　　　　　　　(b) 纵剖面

图 3.11　含隐患土石堤坝的几何模型 (单位：m)

表 3.2　含隐患土石堤坝有限元模型材料参数

位置	密度/(kg/m³)	弹性模量/Pa	泊松比	纵波波速/(m/s)	横波波速/(m/s)
坝体	2200	$5.16×10^8$	0.3	561.9	300.35
渗漏通道	500	$3.71×10^4$	0.3	10	5.35

3.3.2　含隐患土石堤坝三维波场特征分析

波在遇到不同的介质时会发生反射、折射等现象，统称为散射。因此，存在隐患时，土石堤坝波场会发生改变。通过数值分析得到由隐患导致的波场变化特征，可以为现场实际探测解释提供依据。

1. 波场图的整体特征分析

含隐患土石堤坝的三维波场如图 3.12 所示。可以看出，随着时间变化，波不断从震源位置向周围传播。由于波在不同介质体中的传播情况不一样，遇到非均质体时波场特征会发生变化。直达波在传播的过程中遇到异于坝体材料的隐患时

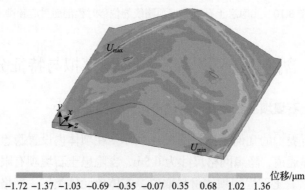

位移/μm
−1.72　−1.37　−1.03　−0.69　−0.35　−0.07　0.35　0.68　1.02　1.36
(a) x 方向

位移/μm
−1.91　−1.49　−1.07　−0.65　−0.23　0.20　0.62　1.04　1.46　1.88
(b) y 方向

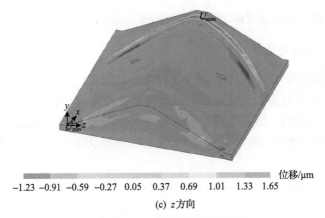

位移/μm

−1.23　−0.91　−0.59　−0.27　0.05　0.37　0.69　1.01　1.33　1.65

(c) z 方向

图 3.12　含隐患土石堤坝的三维波场(t=0.3s)

产生散射波，散射波随着时间的推移从隐患位置传播到坝体表面被接收到。而无隐患时直达波的波动逐渐向远处传播，最终在黏弹性边界的作用下被吸收掉，坝体质点振动趋于平静。

2. 位移时程剖面图的整体特征分析

含隐患土石堤坝坝顶测线的位移时程剖面如图 3.13 所示。可以看出，由于隐患的存在，直达波到达隐患时，隐患产生了散射波并传播到坝顶被接收到，因此在直达波过后的一段时间，位移时程剖面图上又出现了明显的波动信号，该信号即为隐患引起的散射波信号。

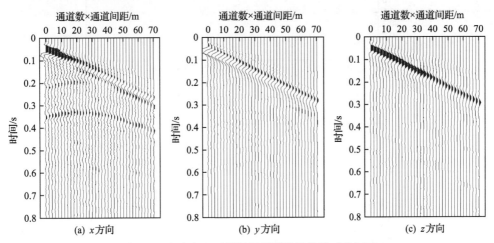

图 3.13　含隐患土石堤坝坝顶测线的位移时程剖面

综合分析图 3.12 和图 3.13 可以看出，在贯通的渗漏通道作用下，坝顶接收到的散射波主要是由表面波产生的，表面波沿着坝坡表面传播到坝顶产生明显的波动相位变化。因此，可以从坝体表面接收到的散射波信号判断坝体内部隐患的存在。

3. 单通道波动传播特征分析

在位移时程剖面图中，通过分析散射波引起的相位变化可以直观判断隐患的存在，而选择单个通道(测点)的位移时程曲线进行定量分析，可以进一步评价隐患对波场特征的影响。因此，选择位移时程剖面图上第 10 号通道(起始为 0 号通道)得到位移时程曲线，并与 3.2 节的无隐患模型坝顶同一测点的位移时程曲线进行对比分析。

土石堤坝坝顶第 10 号通道 x、y、z 方向位移时程曲线如图 3.14～图 3.16 所示。可以看出：

(1)有无隐患存在时直达波的波形大致一致，但其振幅发生了变化，隐患产生的部分散射波实际上已经沿最短路径传播到了坝顶，但与直达波叠加，隐患的部分散射波与直达波无法直接区分，因此对应位移时程剖面图相位无明显变化。

(2)在后续时间里，隐患产生的散射波沿坝体表面达到坝顶测点上，相比无隐患时坝顶位移幅值发生较大变化，且与直达波分离开，因此从对应位移时程剖面图可以观察到散射波同相轴的出现。

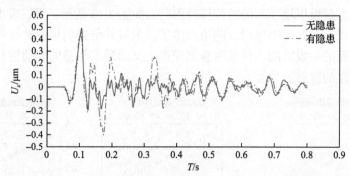

图 3.14　土石堤坝坝顶第 10 号通道 x 方向位移时程曲线

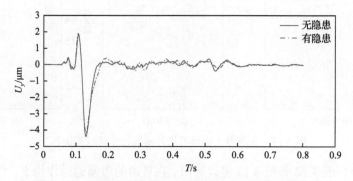

图 3.15　土石堤坝坝顶第 10 号通道 y 方向位移时程曲线

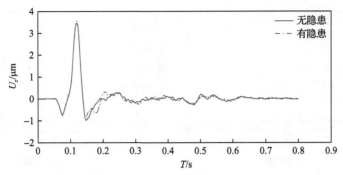

图 3.16　土石堤坝坝顶第 10 号通道 z 方向位移时程曲线

因此，整体波场和单通道下的波动信号都可以作为判断隐患存在的依据。隐患对波场的影响表现为产生散射波，干扰直达波波场并形成自身的散射波波场。

对含隐患土石堤坝坝顶测点第 10 号通道的位移时程曲线进行快速傅里叶变换，得到土石堤坝坝顶第 10 号通道 x、y、z 方向位移对应频谱，如图 3.17～图 3.19 所示。可以看出，经过快速傅里叶变换后的波动曲线在三个方向都表现为有隐患时主频及对应的位移幅值发生了变化。频域曲线整体趋势为在主频峰值旁出现了微弱的次主频峰值，主次频域峰值在隐患作用下的差异明显增大。

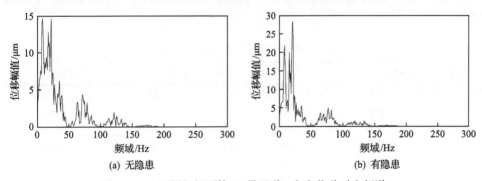

图 3.17　土石堤坝坝顶第 10 号通道 x 方向位移对应频谱

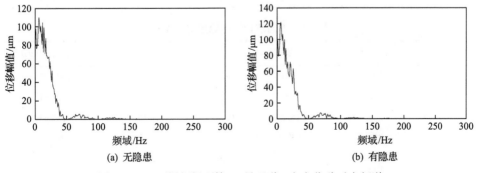

图 3.18　土石堤坝坝顶第 10 号通道 y 方向位移对应频谱

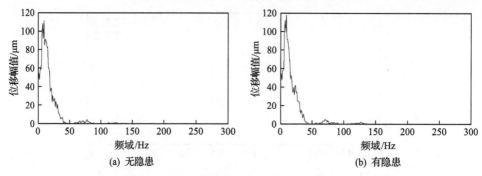

图 3.19　土石堤坝坝顶第 10 号通道 z 方向位移对应频谱

3.3.3　隐患材料特性对土石堤坝三维波场的影响分析

1. 含不同隐患材料土石堤坝三维波场分析的有限元模型

土石堤坝坝体材料取值、实体单元体类型、网格尺寸、震源参数和测线布置同 3.2.2 节，采用相关材料参数折减的方式模拟不同的隐患材料，不同弹性模量和密度的隐患材料参数如表 3.2 所示，不同泊松比的隐患材料参数如表 3.3 所示。分别研究含不同弹性模量和密度隐患、不同泊松比隐患条件下的土石堤坝三维电场特征。

表 3.2　不同弹性模量和密度的隐患材料参数

材料编号	密度/(kg/m³)	弹性模量/Pa	泊松比	纵波波速/(m/s)	横波波速/(m/s)
1	500	$3.71×10^4$	0.3	10	5.35
2	800	$5.90×10^6$	0.3	100	53.45
3	1100	$3.27×10^7$	0.3	200	106.90
4	1400	$9.36×10^7$	0.3	300	160.35
5	1700	$2.02×10^8$	0.3	400	213.81
6	2000	$3.71×10^8$	0.3	500	267.26
7	2400	$6.42×10^8$	0.3	600	320.71

表 3.3　不同泊松比的隐患材料参数

材料编号	密度/(kg/m³)	弹性模量/Pa	泊松比	纵波波速/(m/s)	横波波速/(m/s)
8	2200	$5.16×10^8$	0	484.30	342.45
9	2200	$5.16×10^8$	0.10	489.77	326.51
10	2200	$5.16×10^8$	0.20	510.50	312.61
11	2200	$5.16×10^8$	0.35	613.54	294.74
12	2200	$5.16×10^8$	0.40	708.94	289.42
13	2200	$5.16×10^8$	0.45	943.21	284.39

2. 弹性模量和密度对土石堤坝三维波场的影响分析

1)位移时程剖面图的整体特征分析

取平行于坝顶轴线测线上所有测点的位移时程曲线建立位移时程剖面图,进行全波场的波动数据分析,以反映全波场特征。含 1~7 号隐患材料土石堤坝坝顶测线的位移时程剖面如图 3.20~图 3.26 所示。可以看出:

(1)相同位置的隐患产生的散射波在坝顶位置接收到的时间基本相同,但隐患与周围介质的波动参数越相近,散射波效果越不明显,散射波同相轴越不清晰。

(2)y、z 方向散射波同相轴信息较少,时间上各同相轴基本一致,材料参数差异越大,同相轴越清晰。

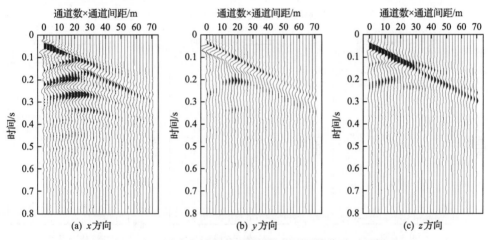

图 3.20　含 1 号隐患材料土石堤坝的坝顶测线位移时程剖面

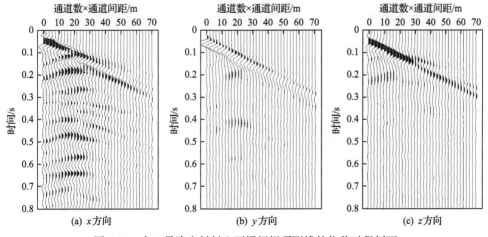

图 3.21　含 2 号隐患材料土石堤坝坝顶测线的位移时程剖面

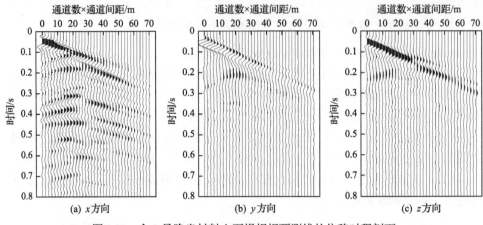

图 3.22　含 3 号隐患材料土石堤坝坝顶测线的位移时程剖面

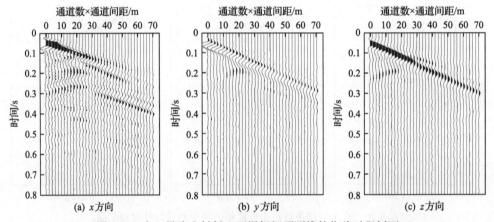

图 3.23　含 4 号隐患材料土石堤坝坝顶测线的位移时程剖面

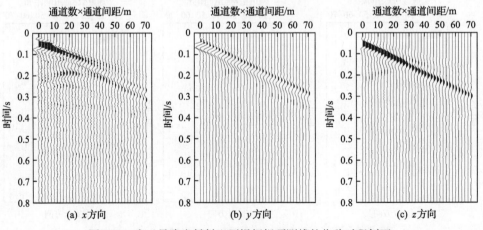

图 3.24　含 5 号隐患材料土石堤坝坝顶测线的位移时程剖面

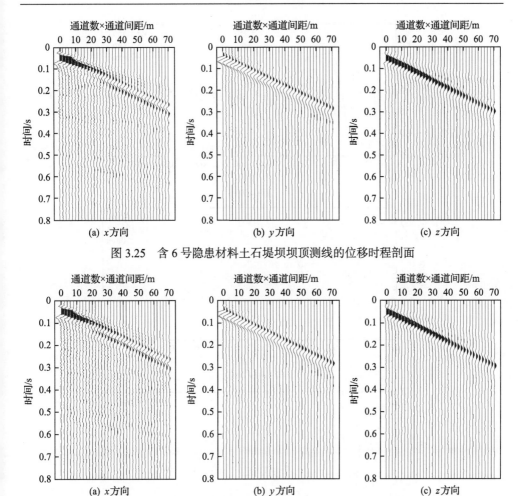

图 3.25　含 6 号隐患材料土石堤坝坝顶测线的位移时程剖面

图 3.26　含 7 号隐患材料土石堤坝坝顶测线的位移时程剖面

(3) 对于深度超过 10m 的隐患，隐患材料与坝体材料的纵波波速相差约小于 10%时便难以捕捉到散射波。

2) 单通道波动传播特征分析

为提高分析的精确度，在全波场定性分析的基础上，提取单个接收通道(测点) 的位移时程数据进行定量分析。含不同隐患材料土石堤坝坝顶第 14 号通道的位移时程曲线如图 3.27 所示。可以看出：

(1) x 方向的精确度和敏感度比其他两个方向更高。

(2) 不同隐患材料下堤坝表面单个波动信号表现出如下规律：距震源相同距离的单个质点的振动幅度随着隐患与周围介质材料属性的差异性减小而减小，据此可将出现散射信号起跳点的位移幅值作为判断隐患材料属性的一个参数。

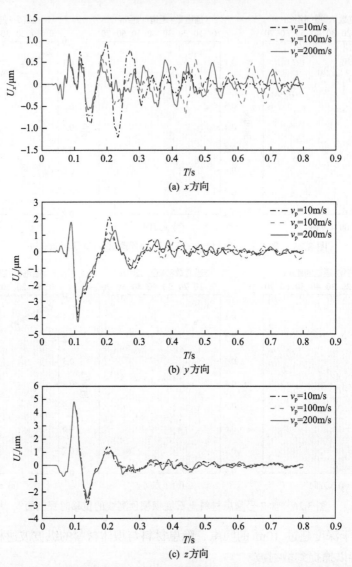

图 3.27　含不同隐患材料土石堤坝坝顶第 14 号通道的位移时程曲线

　　进一步对上述不同模型中第 14 号通道的位移时程曲线进行快速傅里叶变换，得到频率域下隐患材料特性对波场特征的影响规律。含不同隐患材料土石堤坝坝顶第 14 号通道的波动信号主频对应频谱如图 3.28 所示。可以看出，随着隐患材料与坝体材料差异性减小，波动信号主频对应的位移幅值明显降低，三个方向的规律一致。由于主频对应的位移幅值在波场中的敏感度较高，可在实际波动检测中将其作为一个重要参数进行反演研究，并可根据单通道波动信号的主频对应的位移幅值来确定损伤的程度。

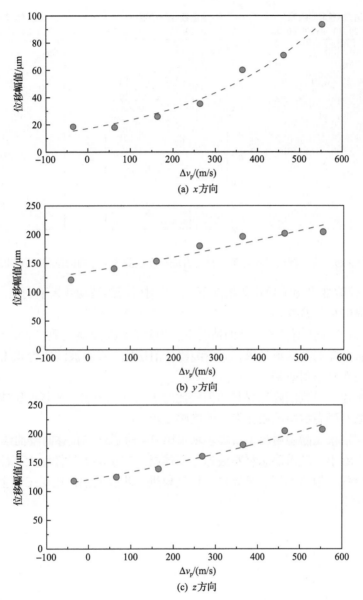

图 3.28　含不同隐患材料土石堤坝坝顶第 14 号通道的波动信号主频对应频谱

3. 泊松比对土石堤坝三维波场的影响分析

根据对含隐患土石堤坝的波场分析可知，x 方向的波场对隐患变化的敏感度较高，因此，下面围绕 x 方向的位移时程剖面进行分析。含不同泊松比隐患材料土石堤坝坝顶测线 x 方向的位移时程剖面如图 3.29 所示。可以看出：

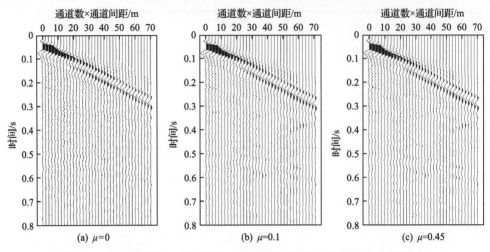

图 3.29 含不同泊松比隐患材料土石堤坝坝顶测线 x 方向的位移时程剖面

(1)在仅改变隐患泊松比的情况下,由散射引起的波动效果不明显,无法从图中看到明显的相位改变。

(2)在改变弹性模量和密度的情况下,当隐患纵波波速达到 500m/s 左右时,依然可以看到微弱的散射效果,而单纯改变泊松比,在纵波波速为 484.3m/s 的情况下也无法看到散射效果。

综上所述,可判断隐患材料的泊松比对土石堤坝散射波波场的影响较小,即散射波波场对隐患材料泊松比变化的敏感度较低。

含不同泊松比隐患材料土石堤坝坝顶第 14 号通道的位移时程曲线如图 3.30 所示。可以看出,随着隐患材料波速与坝体材料波速的差异性增大,波动曲线在初期略有增强,但后期无明显异常,该现象进一步表明泊松比对三维土石堤坝的波场影响较小。

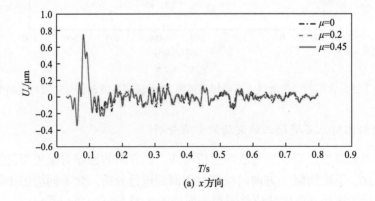

(a) x 方向

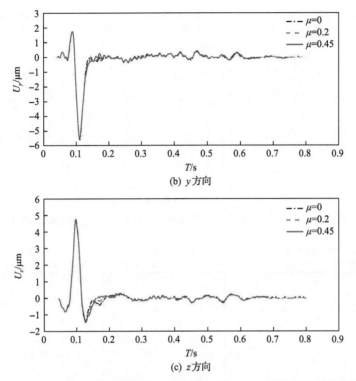

图 3.30　含不同泊松比隐患材料土石堤坝坝顶第 14 号通道的位移时程曲线

3.3.4　隐患尺寸对土石堤坝三维波场的影响分析

1. 含不同大小隐患土石堤坝三维波场分析的有限元模型

土石堤坝坝体材料取值、实体单元体类型、网格尺寸、震源参数和测线布置同 3.2.2 节,隐患形状及位置布置同 3.2.3 节,隐患材料采用表 3.2 中的 1 号材料。模型计算采用渗漏通道半径分别为 2m、4m、6m、8m、10m 等 5 种工况,研究含不同大小隐患土石堤坝的三维波场特征。

2. 整体波场特征分析

含不同尺寸隐患土石堤坝坝顶测线的位移时程剖面如图 3.31~图 3.33 所示。可以看出:

(1)含隐患土石堤坝在 x 方向出现明显的散射波,比 y、z 方向更加清晰明显。

(2)隐患越大,散射效果越显著,同时不断增大的隐患使其距离坝顶位置越近,引起首次接收到的散射波动起跳时间越短,呈现规律性变化,这与设置的隐患位置具有较好的对应性。

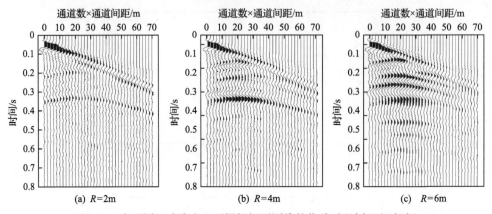

图 3.31　含不同尺寸隐患土石堤坝坝顶测线的位移时程剖面(x 方向)

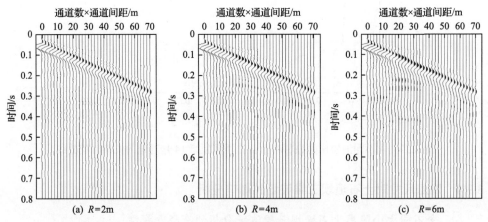

图 3.32　含不同尺寸隐患土石堤坝坝顶测线的位移时程剖面(y 方向)

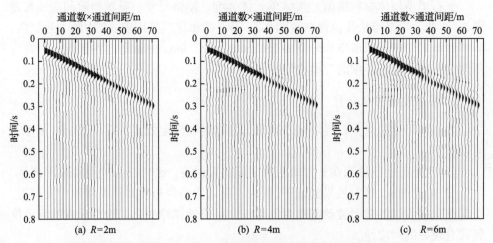

图 3.33　含不同尺寸隐患土石堤坝坝顶测线的位移时程剖面(z 方向)

含不同尺寸隐患土石堤坝坝顶测线的位移时程剖面对应频谱如图3.34～图3.36所示。可以看出：

（1）当有隐患存在时，由坝顶整条测线上的波动曲线组成的频谱图出现发散，不再集中到一条能量线上，表现为能量线抱团现象，形成一个个小的能量团。

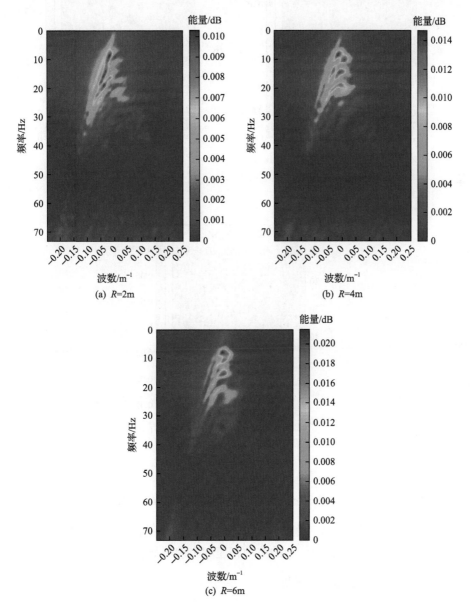

(a) $R=2$m

(b) $R=4$m

(c) $R=6$m

图 3.34　含不同尺寸隐患土石堤坝坝顶测线的位移时程剖面对应频谱（x 方向）

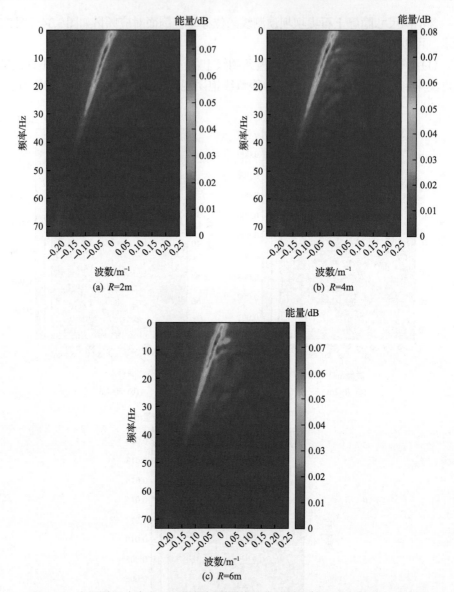

图 3.35　含不同尺寸隐患土石堤坝坝顶测线的位移时程剖面对应频谱（y 方向）

（2）随着隐患半径增大，抱团现象更加明显，抱团部位越靠近低频部分。抱团现象的出现说明位移时程曲线上的波动相速度出现明显差异。

3. 单通道波动传播特征分析

含不同尺寸隐患土石堤坝坝顶第 10 号通道位移时程曲线如图 3.37 所示。可以看出，隐患尺寸的增大对直达波的波动影响依然不明显，但是在直达波过后，

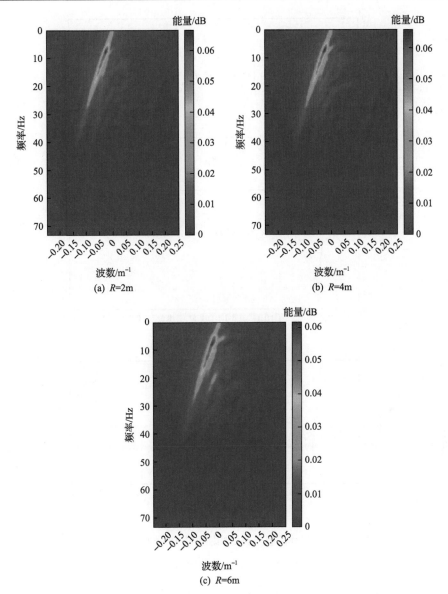

图 3.36 含不同尺寸隐患土石堤坝坝顶测线的位移时程剖面对应频谱(z 方向)

随着隐患尺寸的增大,波动幅度增大,波峰时间提前。

　　进一步对含不同尺寸隐患土石堤坝坝顶第 10 号通道位移时程曲线进行快速傅里叶变换,得到含不同尺寸隐患土石堤坝坝顶第 10 号通道频谱参数,如图 3.38~图 3.40 所示。可以看出,随着渗漏通道半径的增大,主频对应的位移幅值和频谱面积增大,不同尺寸隐患对波场的影响总体表现为主频对应的位移幅值和频谱面积与渗漏通道半径呈指数函数的趋势。

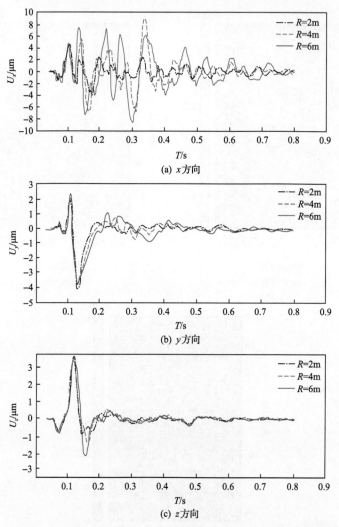

(a) x 方向

(b) y 方向

(c) z 方向

图 3.37　含不同尺寸隐患土石堤坝坝顶第 10 号通道位移时程曲线

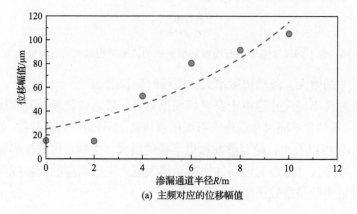

(a) 主频对应的位移幅值

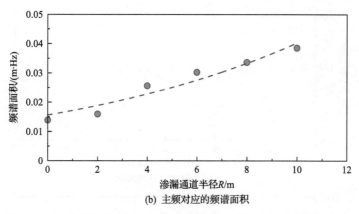

(b) 主频对应的频谱面积

图 3.38　含不同尺寸隐患土石堤坝坝顶第 10 号通道频谱参数（x 方向）

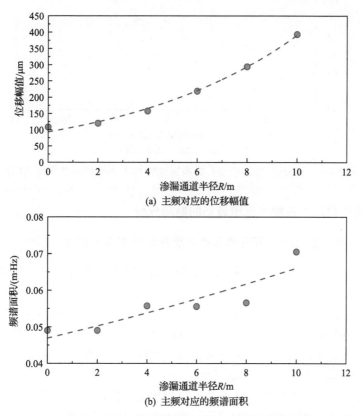

(a) 主频对应的位移幅值

(b) 主频对应的频谱面积

图 3.39　含不同尺寸隐患土石堤坝坝顶第 10 号通道频谱参数（y 方向）

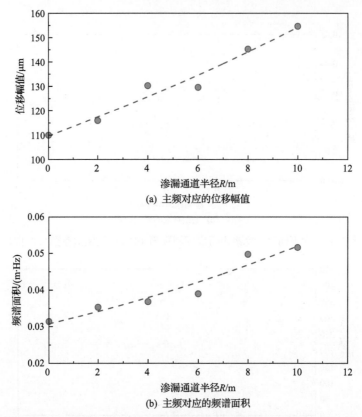

图 3.40 含不同尺寸隐患土石堤坝坝顶第 10 号通道频谱参数(z 方向)

3.3.5 隐患位置对土石堤坝三维波场的影响分析

1. 含不同位置隐患土石堤坝三维波场分析的有限元模型

土石堤坝坝体和隐患材料取值、实体单元体类型、网格尺寸、震源参数和测线布置同 3.2.3 节。隐患采用长方形截面形状，模型计算工况如下：

(1)工况 1。研究垂直于坝轴线方向贯通隐患沿坝轴线方向不同位置时的土石堤坝三维波场特征。工况 1 有限元模型如图 3.41 所示。在垂直于坝轴线方向设置贯通隐患，隐患中心位置沿坝轴线方向发生变化，其距震源的距离 $Z=10m$、$20m$、$40m$ 和 $60m$，隐患的大小和高度不变。

(2)工况 2。研究非贯通隐患在不同坝体深度位置时的土石堤坝三维波场特征。工况 2 有限元模型如图 3.42 所示。在坝轴线下方设置非贯通隐患，隐患位置沿竖直方向发生变化，其距坝顶的距离 $h_y=5m$、$7m$、$9m$、$11m$、$13m$、$15m$ 和 $19m$，隐患的大小和水平位置不变。

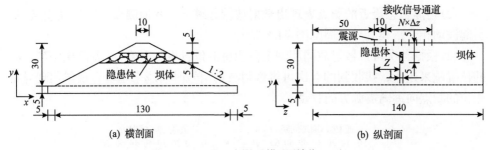

图 3.41 工况 1 有限元模型(单位:m)

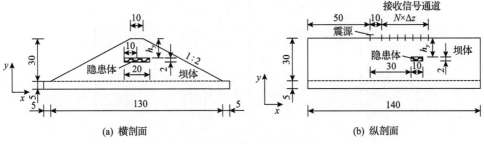

图 3.42 工况 2 有限元模型(单位:m)

(3)工况 3。研究非贯通隐患在垂直于坝轴线方向不同位置时的土石堤坝三维波场特征。工况 3 有限元模型如图 3.43 所示。在坝轴线下方设置非贯通隐患,隐患位置沿垂直于坝轴线方向发生变化,其距坝轴中心线的距离 l_x=10m、5m、0m 和–5m,隐患的大小和高度不变。

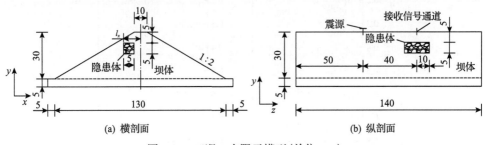

图 3.43 工况 3 有限元模型(单位:m)

2. 沿坝轴向不同位置贯通隐患的三维波场特征

工况 1 土石堤坝坝顶测线 x、y、z 方向的位移时程剖面分别如图 3.44~图 3.46 所示。可以看出:

(1)由于隐患作用,在整体图中除直达波的主同相轴外,在随后的非相邻时间出现了一条或多条同相轴。

(2)距离隐患最近的测点表现出散射波的起跳早于其他测点甚至出现拐点,且引起波动相位密集度异于周围测点的特征。

(3)根据首次可辨散射波同相轴定位隐患的位置更为准确,随着隐患距离震源的位置越来越远,接收到的首次可辨散射波动信号时间越来越晚,最早出现异常相位的测点向远离震源方向移动。

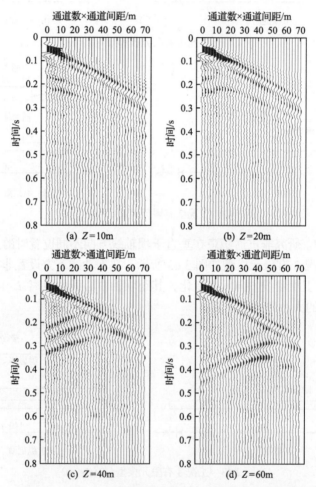

图 3.44　工况 1 土石堤坝坝顶测线 x 方向的位移时程剖面

因此,当测线布置在隐患的正上方附近位置时,可通过位移时程剖面图上首次出现的可辨异常相位的测点判断隐患所在位置。

工况 1 土石堤坝坝顶测线 x、y、z 方向的位移时程剖面对应频谱分别如图 3.47~图 3.49 所示。可以看出:

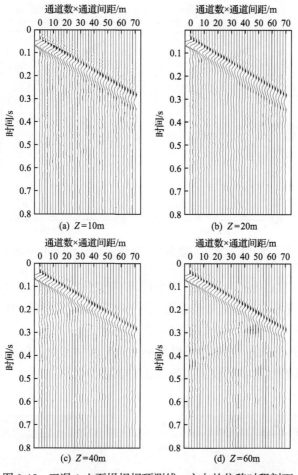

图 3.45　工况 1 土石堤坝坝顶测线 y 方向的位移时程剖面

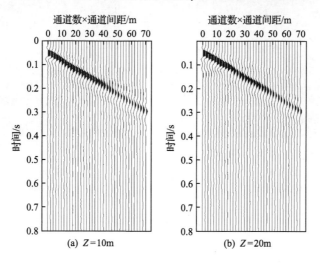

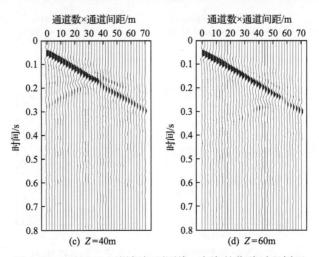

图 3.46　工况 1 土石堤坝坝顶测线 z 方向的位移时程剖面

(1) x 方向的散射效果最明显，散射波没有改变直达波的能量集中表现。

(2) 频域内波场表现出随着隐患沿测线方向距离震源越远，有明显不同波速的能量线越长的特征，但能量线的斜率并没有发生变化。

通过分析可以知道，隐患材料性质单一，与坝体材料出现波速不同的只有一种材料，因此在频谱图中形成了两条明显的能量线。

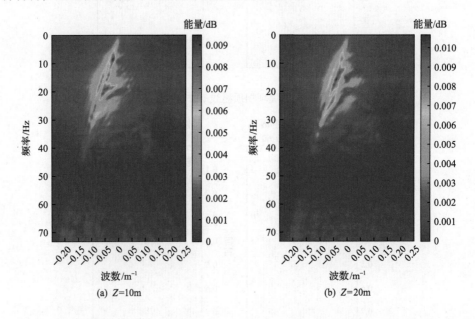

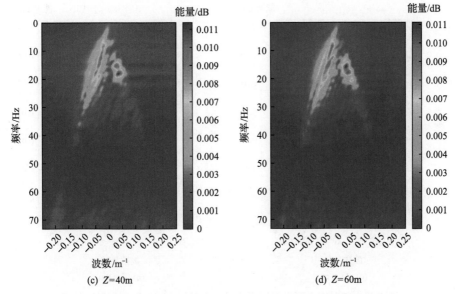

(c) $Z=40\text{m}$　　　　　　　　(d) $Z=60\text{m}$

图 3.47　工况 1 土石堤坝坝顶测线 x 方向的位移时程剖面对应频谱

3. 沿坝深方向不同位置非贯通隐患的三维波场特征

　　工况 2 中，沿坝深方向不同位置非贯通隐患的三维波场特征具有相似性，因此，这里仅给出 h_y=5m、11m、13m 时土石堤坝坝顶测线 x、y、z 方向的位移时程剖面，如图 3.50～图 3.52 所示。可以看出：

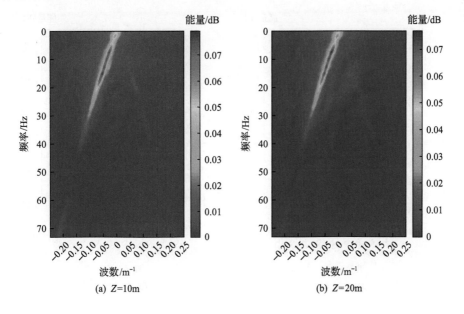

(a) $Z=10\text{m}$　　　　　　　　(b) $Z=20\text{m}$

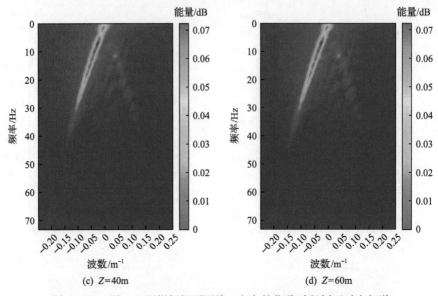

图 3.48　工况 1 土石堤坝坝顶测线 y 方向的位移时程剖面对应频谱

(1) 未形成贯通于整个坝体的渗漏通道时，依然可以根据最早出现可辨异常相位的测点特征定位隐患的位置，对应沿测线方向的位置为第 20 号通道附近。

(2) 隐患位置距离坝顶越深，传播到坝顶的散射信号越微弱，尤其是散射波形成的第二道同相轴越来越不明显，从整体波场图中无法直观分辨隐患随着深度变化的特征。即使变换到频率范围内，差异性仍然无法直观表现出来。

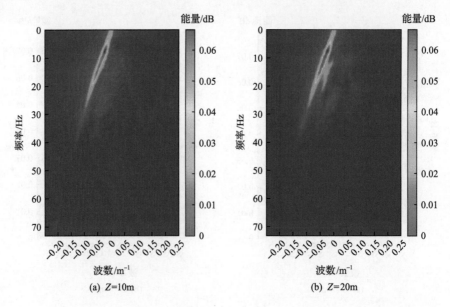

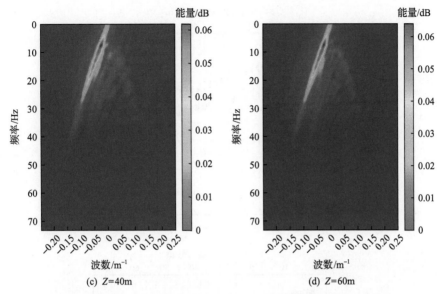

(c) $Z=40\mathrm{m}$ (d) $Z=60\mathrm{m}$

图 3.49 工况 1 土石堤坝坝顶测线 z 方向的位移时程剖面对应频谱

为了从位移时程剖面图中提取首次接收到的可辨散射波信号的起跳时间，沿平行于坝轴线方向的测线上，定位隐患在 Z 方向的大体位置为第 14、16 号通道的位置，两通道数据大致一致，因此选择一个通道即可，这里以第 16 号通道作为分析数据，得到工况 2 土石堤坝坝顶测点首次接收到散射波信号的时间，如图 3.53 所示。可以看出，在 x、z 方向上，隐患位置与散射波起跳时间表现出很好的时间吻合性。波场特征表现出接收到的散射波时间基本上呈现出随着距离坝顶位置越远、接收时间越晚的线性规律。因此，可以根据接收到的散射波起跳时间判断隐患沿深度方向的变化。

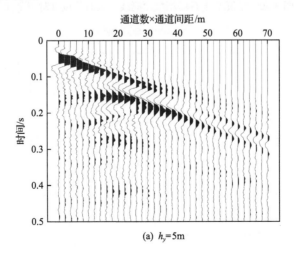

(a) $h_y=5\mathrm{m}$

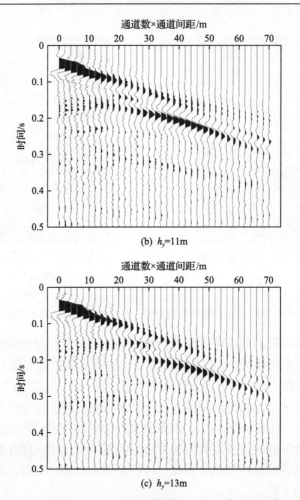

(b) $h_y=11m$

(c) $h_y=13m$

图 3.50　工况 2 土石堤坝坝顶测线 x 方向的位移时程剖面

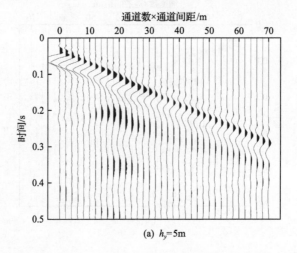

(a) $h_y=5m$

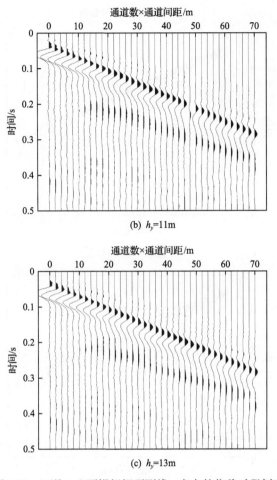

(b) $h_y = 11\text{m}$

(c) $h_y = 13\text{m}$

图 3.51　工况 2 土石堤坝坝顶测线 y 方向的位移时程剖面

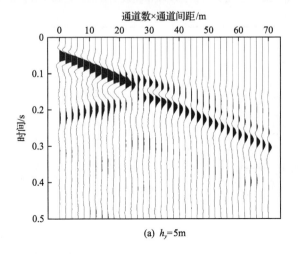

(a) $h_y = 5\text{m}$

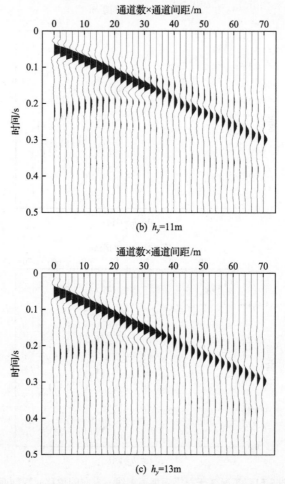

(b) h_y=11m

(c) h_y=13m

图 3.52　工况 2 土石堤坝坝顶测线 z 方向的位移时程剖面

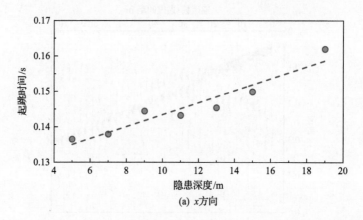

(a) x方向

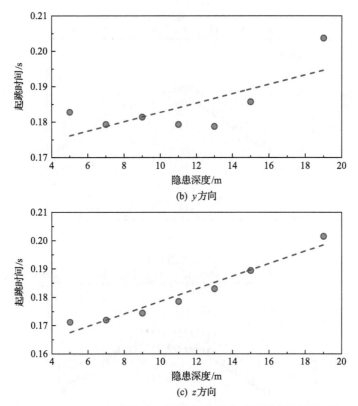

图 3.53　工况 2 土石堤坝坝顶测点首次接收到散射波信号的时间

4. 沿垂直于坝轴向不同位置非贯通隐患的三维波场特征

工况 3 土石堤坝坝顶测线 x、y、z 方向的位移时程剖面分别如图 3.54～图 3.56 所示。可以看出：

(1) 垂直于坝轴线方向布置的测线整体位移时程剖面类似于坝体的形状，这与坝体表面距离震源的远近有关。

(2) 由于隐患的出现，且位于同一高度位置，隐患产生的散射波返回到坝顶端的波场形状特征相似，主同相轴下方出现散射波同相轴。

(3) 随着隐患位置的推移，反映到测线上的变化规律为测线上接收到的散射波异常相位测点跟随隐患位置的移动而移动。

工况 3 土石堤坝坝顶测线 x、y、z 方向的位移时程剖面对应频谱分别如图 3.57～图 3.59 所示。可以看出，垂直于坝顶位置布置的测线接收到的波动信息显示出明显的两种集中波动相速度。造成这种现象的原因是震源位于坝顶中心，垂直于坝顶轴线，波在震源的两侧沿相反方向传播，频谱图上形成了正负两列能量线，斜率近似相等，表明两列波的相波速大小一致。隐患产生的远离主体能量线的能量

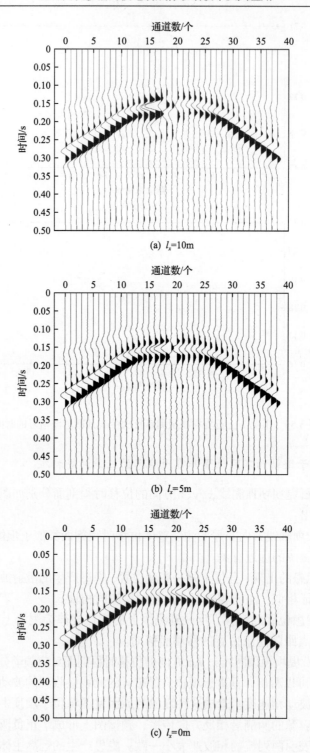

(a) l_x=10m

(b) l_x=5m

(c) l_x=0m

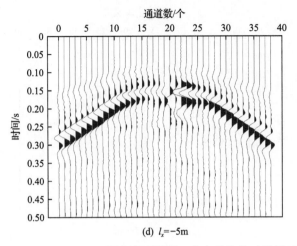

(d) $l_x = -5\text{m}$

图 3.54　工况 3 土石堤坝坝顶测线 x 方向的位移时程剖面

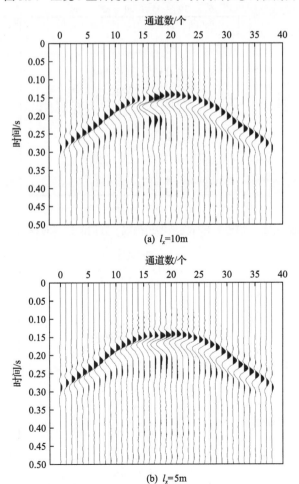

(a) $l_x = 10\text{m}$

(b) $l_x = 5\text{m}$

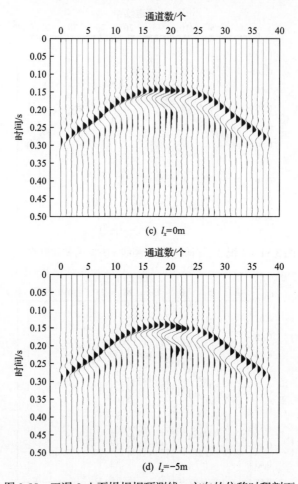

(c) l_x=0m

(d) l_x=-5m

图 3.55　工况 3 土石堤坝坝顶测线 y 方向的位移时程剖面

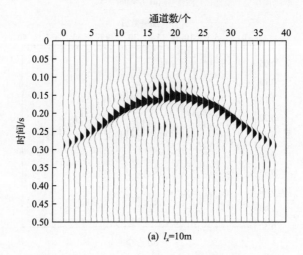

(a) l_x=10m

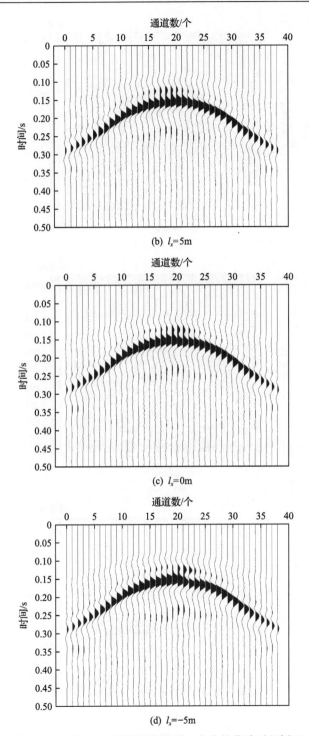

(b) l_x=5m

(c) l_x=0m

(d) l_x=-5m

图 3.56　工况 3 土石堤坝坝顶测线 z 方向的位移时程剖面

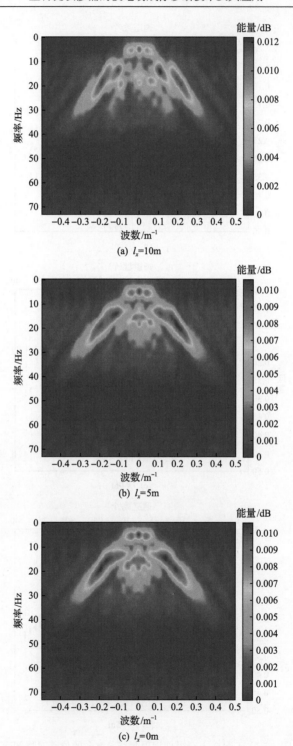

(a) l_x=10m

(b) l_x=5m

(c) l_x=0m

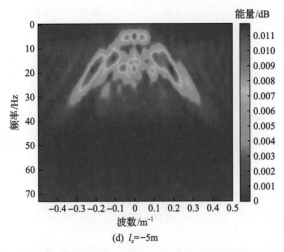

(d) l_x=−5m

图 3.57　工况 3 土石堤坝坝顶测线 x 方向的位移时程剖面对应频谱

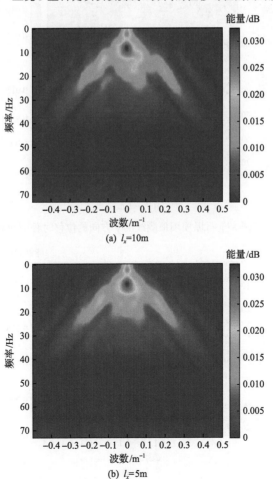

(a) l_x=10m

(b) l_x=5m

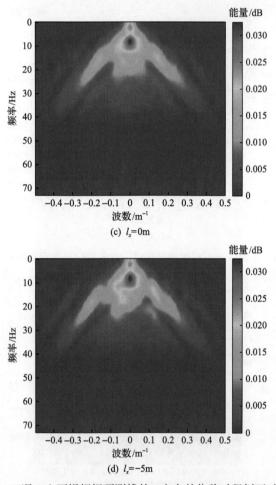

(c) $l_x=0\text{m}$

(d) $l_x=-5\text{m}$

图 3.58　工况 3 土石堤坝坝顶测线的 y 方向的位移时程剖面对应频谱

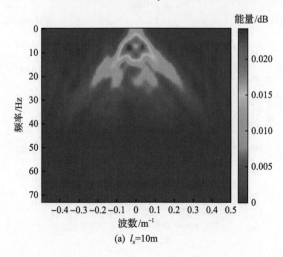

(a) $l_x=10\text{m}$

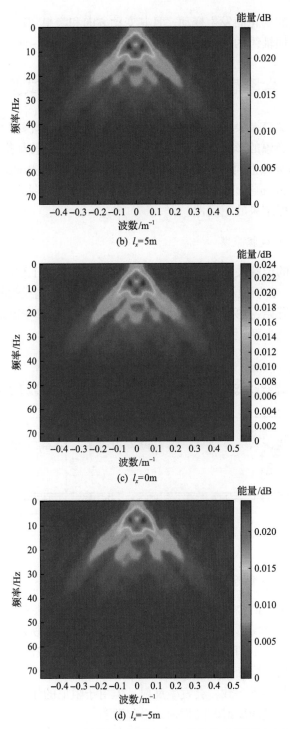

(b) l_x=5m

(c) l_x=0m

(d) l_x=-5m

图 3.59　工况 3 土石堤坝坝顶测线 z 方向的位移时程剖面对应频谱

团随着隐患位置的变化而发生变动,且其变动方向和隐患变动方向相反。这说明散射体在垂直于坝轴线的位置与散射波能量团靠近的坝体一侧位置相反。

3.4　含隐患土石堤坝三维波场测试试验研究

本章数值模拟结果表明,对应测线上的波场变化与内部隐患具有明显相关性,波场特征受内部隐患的影响显著。为进一步验证基于波场特征推测隐患的方法,本节在 2.5 节的基础上同步开展土石堤坝物理模型的波场测试试验,分析所得现场实测波动信号,根据数值模拟结果及结论进行解释并与实际隐患设置进行对比,从而验证数值模拟结果的正确性。

1. 测线布置与数据采集

测线与隐患的位置关系如图 3.60 所示。模型测试采用工程动测仪进行波动测试。测试过程中,在坝顶沿着坝轴线方向布置两条测线,测线间隔 1m,采集数据从第 1 道激发道开始,共采集 22 道;每条测试的激发点布置在每条测线中心位置,并向两侧展开,测点间距 0.2m,采用锤击方式进行激发。

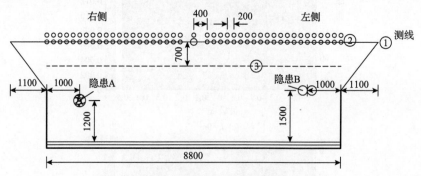

图 3.60　测线与隐患的位置关系(单位:mm)

2. 位移时程曲线分析

将坝体表面采集的位移时程曲线进行数据处理,绘制测线对应的位移时程剖面图。无隐患土石堤坝 1 号测线的位移时程剖面如图 3.61 所示。可以看出,当无隐患存在时,土石堤坝坝顶接收到的位移时程剖面具有比较清晰的直达波同相轴,未出现明显的绕射波同相轴,这与数值计算波动特征吻合。根据波动理论,坝基、两侧基岩与坝体材料不一致,会发生反射,但由于阻尼的作用效果,在测试时间内还未形成一条完整的反射波同相轴,影响微弱。

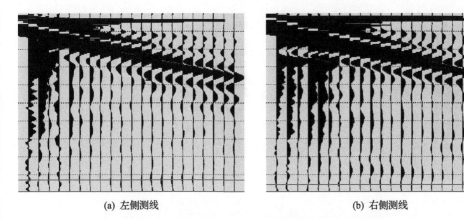

(a) 左侧测线　　　　　　　　　　　　　　(b) 右侧测线

图 3.61　无隐患土石堤坝 1 号测线的位移时程剖面

　　含隐患土石堤坝 1 号测线的位移时程剖面如图 3.62 所示。可以看出，由于隐患的存在，位移时程剖面图上出现了明显的散射波动信号，散射波叠加到直达波上，造成直达波同相轴产生畸变。对比含隐患与无隐患土石堤坝位移时程剖面图，可以判断出隐患的大致位置。

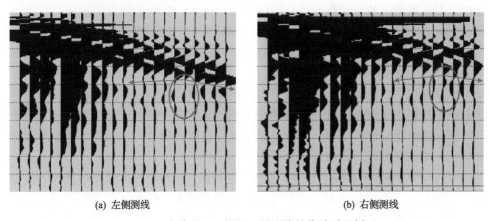

(a) 左侧测线　　　　　　　　　　　　　　(b) 右侧测线

图 3.62　含隐患土石堤坝 1 号测线的位移时程剖面

　　蓄水后含隐患土石堤坝 1 号测线的位移时程剖面如图 3.63 所示。可以看出，蓄水后隐患产生的散射波对直达波同相轴的影响减弱，散射波滞后直达波的时间间隔加大，散射波同相轴更加明显，更有利于识别隐患的位置。通过测线上波动异常测点，可以清晰地辨识隐患沿测线方向的位置。

　　上述模型试验结果表明：①由于堤坝内部存在隐患，堤坝波场特征产生异常，具体表现为隐患造成散射波信号叠加到直达波中，引起了直达波同相轴的畸变，而且在堤坝蓄水后，这种畸变更为明显；②根据实测信号同相轴的畸变可判断第 15～18 号接收通道下方存在隐患，而实际模型中，隐患布置在第 16 号通道正下方。

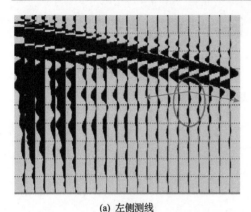
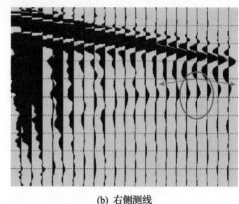

(a) 左侧测线　　　　　　　　　　　　　　(b) 右侧测线

图 3.63　蓄水后含隐患土石堤坝 1 号测线的位移时程剖面

根据波的传播理论，当堤坝内部存在隐患时会产生散射波，并且无其他隐患强烈干扰时会在对应最近距离的接收通道形成最早的散射波起跳点，使整个位移时程曲线出现三角形尖端的同相轴，对应尖端的接收通道即为距离隐患最近的位置。可见，数值模拟与现场测试吻合良好，数值模拟得到的堤坝三维波场分布规律可以对现场测试的波动数据进行解译和结论推测，从而提高测试效率。

3.5　本章小结

本章通过对含隐患土石堤坝的三维波场进行数值模拟，对比分析了无隐患和含隐患土石堤坝三维波场特征，阐明了不同隐患材料、隐患尺寸、隐患位置对土石堤坝三维波场的影响规律，在此基础上采用模型试验进一步验证了含隐患土石堤坝的三维波场特征。研究结论如下：

（1）土石堤坝内部存在隐患时，直达波遇到隐患，在隐患尺寸不致使波动发生绕射的情况下，会产生反射、折射等一系列散射现象，散射波向周围传播，最终达到坝体表面被检波器接收到，表现出明显的波场扰动现象。位移时程曲线表现出在直达波传播过后依然上下波动，反映整体波场的位移时程剖面图出现散射波同相轴。该同相轴即为反映散射波场特征的一个重要信号，据此可以判断是否有隐患存在。

（2）隐患的材料属性与散射波特征具有密切相关性，隐患材料波速与坝体材料波速差异性越大，散射波场越强烈，表现到位移时程剖面上的散射轴越清晰。单个波动信号在频域上表现出主频对应的位移幅值与隐患材料纵波波速呈指数相关，主频对应的频谱面积无规律，而隐患材料的泊松比对波场特征的影响不大。

（3）随着隐患尺寸的增大，散射波场变得强烈；信号主频对应的位移幅值和频谱面积呈指数变化，但隐患尺寸与波动主频表现出无规律性。隐患的位置与堤坝表面接收到的波场信息密切相关，隐患正上方测点的位移时程曲线相位与测线上其他测点的位移时程曲线相位具有明显差异，且散射波起跳时间比周围测点提前；同时，隐患贯通与否并不影响这一变化特征。根据这种规律性，可判断隐患沿测线方向的位置。

参 考 文 献

[1] Hamdan H A, Vafidis A. Joint inversion of 2D resistivity and seismic travel time data to image saltwater intrusion over karstic areas[J]. Environmental Earth Sciences, 2013, 68 (7): 1877-1885.

[2] 赵明阶, 黄卫东, 韦刚. 公路土石混填路基压实度波动检测技术及应用[M]. 北京: 人民交通出版社, 2006.

[3] 钟飞, 张伟, 李继山, 等. 可控震源地震勘探在大坝检测中的应用试验[J]. 水利水运工程学报, 2010, (1): 56-61.

[4] 杜修力, 赵密, 王进廷. 近场波动模拟的人工应力边界条件[J]. 力学学报, 2006, 38 (1): 49-56.

[5] 何建涛, 马怀发, 张伯艳, 等. 黏弹性人工边界地震动输入方法及实现[J]. 水利学报, 2010, 41 (8): 960-969.

第4章 土石堤坝渗漏的三维电场成像
正反演模型研究

电场成像方法以地下探测目标体与周围介质之间的电性差异为基础，通过人工建立地下稳定直流电场，按照预设电极和装置排列形式进行扫描观测，获得地下空间的电阻率分布，这是一种典型的地球物理反演方法。工程实践中，反演目标对象往往具有复杂的物性分布特征和边界形状，要得到真实准确的反演效果，通常需要结合正演计算，即根据已知电阻率的空间分布求取电场分布，为反演计算以及结果解译提供基础。因此，研究三维电场成像正反演模型对提高土石堤坝渗漏的电阻率成像诊断效果具有重要理论意义。

本章通过研究土石堤坝三维电阻率成像的正反演理论模型，提出土石堤坝渗漏的三维电场成像实现方法，在此基础上，通过设计无隐患和含隐患的土石堤坝数值模型试验，对该实现方法的可靠性进行检验。

4.1 土石堤坝渗漏的三维电场成像正演模型

正演问题的分析途径主要有解析法、模型试验法和数值模拟法。解析法仅适用于少数规则形体的求解；采用模型试验法时，针对物性分布复杂的模型，在制作上较为困难；而数值模拟法因其适用范围广泛，现已成为最主要的方法。在数值模拟中常用有限差分法和有限元法，其中有限元法在物性参数分布复杂时更有优势。随着电阻率成像技术应用领域的逐步扩大，有限元正演计算过程中生成的大型稀疏矩阵计算量惊人，虽然计算机硬件不断更新换代，但电阻率成像效率、精度并没有多大改观，尤其在检测领域，成像时间长短及成像精度是最重要的两项考量指标。因此，为了满足工程应用的需要，研究者陆续开展了针对性的研究。Holcombe 等[1]、Oppliger[2]针对复杂地形进行模拟，提出了相应的简化边界条件，可以有效提高运算效率。Spitzer[3]提出了共轭梯度的有限差分格式，进一步提升了运算效率。吴小平等[4,5]、刘斌等[6]引入共轭梯度迭代算法求解电阻率三维有限元计算形成的大型线性方程组，同时采取措施进行系数矩阵的优化存储，使正演计算效率大大提高而计算机内存消耗大大降低，提高了电阻率成像效率。电阻率正演模型及其计算方法的研究进一步促进了电场成像技术的广泛应用。

4.1.1　三维点源场的边值问题

利用有限元法计算地球物理正演问题时，需首先给出描述物理现象的偏微分方程和边界条件，即构建相关的边值问题，再通过变分原理将其转换为泛函极值问题进行求解。

1. 总电势的边值问题

设地面处 A 点的点电源电流为 I，其电流密度矢量为 j，由空间内任一边界面 Γ 所围区域为 Ω，则由高斯通量定理可知，若 A 点位于闭合面 Γ 上，则流过闭合区域 Ω 的电流总量为 I，若 A 点在闭合面 Γ 之外，则流过闭合区域 Ω 的电流总量为零。因此，在 Ω 区域内对电流密度积分，可得

$$\oiint j \mathrm{d}\Gamma = \begin{cases} 0, & A \notin \Gamma \\ I, & A \in \Gamma \end{cases} \tag{4.1}$$

根据高斯公式，可得

$$\iiint_{\Omega} \nabla j \mathrm{d}\Omega = \oiint j \mathrm{d}\Gamma = \begin{cases} 0, & A \notin \Gamma \\ I, & A \in \Gamma \end{cases} \tag{4.2}$$

式中，∇ 为拉普拉斯算子。

用 $\delta(A)$ 表示以 $A(x_A, y_A, z_A)$ 为中心的狄拉克函数，则有

$$\delta(A) = \delta(x - x_A)\delta(y - y_A)\delta(z - z_A) \tag{4.3}$$

式中，x、y、z 为任一点坐标。

由狄拉克函数的积分性质并进行相应转化，可得

$$\frac{1}{2} \iiint_{\Omega} \nabla j \mathrm{d}\Omega = I \iiint_{\Omega} \delta(A) \mathrm{d}\Omega \tag{4.4}$$

即

$$\nabla j = 2I\delta(A) \tag{4.5}$$

根据稳定电流场的基本性质，任意点的电流密度矢量 j、电场强度 E、介质电导率 σ 和电势 U 有如下关系：

$$j = \sigma E = -\sigma \nabla U \tag{4.6}$$

根据式 (4.5) 和式 (4.6) 可以得到稳定电流场电势 U 满足的微分方程，即

$$\nabla(\sigma\nabla U) = -2I\delta(A) \tag{4.7}$$

总电势求解示意图如图 4.1 所示。Γ_s 为研究区域 Ω 的地表边界，Γ_∞ 为其无穷边界，那么对于 Γ_s 上的任意一点 P，电流法向分量为零，电流仅沿地表流动，即

$$\frac{\partial U}{\partial n} = 0, \quad P \in \Gamma_s \tag{4.8}$$

式中，n 为 Γ_s 的法向方向。

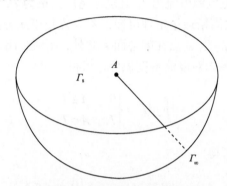

图 4.1　总电势求解示意图

设在无穷边界 Γ_∞ 上，研究区域内部不均匀的电性对 Γ_∞ 上的电势无影响，则任意一点 P 的电势与供电点电势存在线性关系，即

$$U = \frac{c}{r}, \quad P \in \Gamma_\infty \tag{4.9}$$

式中，c 为比例系数；r 为电源点至边界的距离。

对式 (4.9) 求导，可得总电势在无穷边界 Γ_∞ 上的边值条件为

$$\frac{\partial U}{\partial n} + \frac{\cos(r,n)U}{r} = 0, \quad P \in \Gamma_\infty \tag{4.10}$$

由微分方程 (4.7) 和边界条件式 (4.8)、式 (4.10) 共同构成总电势的边值问题。

2. 异常电势的边值问题

在电场的正演计算中，通常将总电势 U 视为由正常电势 u_0 和异常电势 u 两部分组成，正常电势 u_0 是电源在均匀半空间中产生的电势，而异常电势 u 是地下不均匀体产生的电势，则有

$$U = u_0 + u \tag{4.11}$$

当地下为电导率为 σ_0 的均匀介质时，电势为正常电势 u_0，根据式(4.7)可得

$$\nabla(\sigma_0\nabla u_0) = -2I\delta(A) \tag{4.12}$$

其理论解析解为

$$u_0 = \frac{I}{2\pi r\sigma_0} \tag{4.13}$$

式中，I 为电流；r 为任意点至电源点的距离。

异常电势求解示意图如图 4.2 所示。设均匀介质的电导率为 σ_1，不均匀介质的电导率为 σ_2，用 Ω_1、Ω_2 表示 σ_1、σ_2 所占的区域，用 U_1、U_2 和 u_1、u_2 分别表示 Ω_1、Ω_2 区域内的总电势和异常电势，则有如下关系：

$$\begin{cases} U_1 = u_0 + u_1 \\ U_2 = u_0 + u_2 \end{cases} \tag{4.14}$$

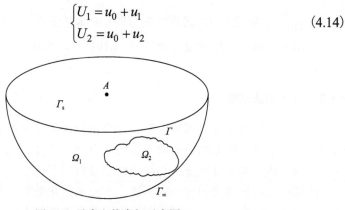

图 4.2　异常电势求解示意图

同时，以 σ 表示总电导率，σ_0 表示正常电导率，σ' 表示异常电导率，则有如下关系：

$$\sigma = \sigma_0 + \sigma' \tag{4.15}$$

区域 Ω_1 内的异常电导率 $\sigma_1' = 0$，则有 $\sigma_1 = \sigma_0$，区域 Ω_2 内的异常电导率 $\sigma_2' = \sigma_2 - \sigma_0 = \sigma_2 - \sigma_1$。

式(4.7)可表示为

$$\nabla(\sigma\nabla U) = \nabla(\sigma\nabla u + \sigma\nabla u_0) = \nabla(\sigma\nabla u + \sigma_0\nabla u_0 + \sigma'\nabla u_0) = -2I\delta(A) \tag{4.16}$$

将正常电势 u_0 的微分方程(4.12)代入式(4.16)，可以得到异常电势 u 的微分方程，即

$$\nabla(\sigma\nabla u) = -\nabla(\sigma'\nabla u_0) \tag{4.17}$$

图 4.2 中，Γ 为介质 Ω_1、Ω_2 区域的分界面，Γ_s 为地表边界，Γ_∞ 为无穷边界，则求解异常电势 u 的边界条件为

$$\frac{\partial u}{\partial n} = 0, \quad P \in \Gamma_s \tag{4.18}$$

$$\frac{\partial u}{\partial n} + \frac{\cos(r,n)}{r}u = 0, \quad P \in \Gamma_\infty \tag{4.19}$$

$$u_1 = u_2, \quad P \in \Gamma \tag{4.20}$$

$$\sigma_1\frac{\partial u_1}{\partial n_1} + \sigma_2\frac{\partial u_2}{\partial n_2} = -\left(\sigma_1\frac{\partial u_0}{\partial n_1} + \sigma_2\frac{\partial u_0}{\partial n_2}\right), \quad P \in \Gamma_\infty \tag{4.21}$$

式中，n_1、n_2 为 Ω_1、Ω_2 的外法向方向；P 为任意点。

由微分方程(4.17)和边界条件式(4.18)～式(4.21)共同构成了异常电势的边值问题。

4.1.2　有限元法求解

有限元法是以变分原理为基础，结合剖分插值理论形成的系统计算方法。采用有限元法求解点源电场内各单元节点的电势，首先利用变分原理将电势求解中的微分问题转化为变分问题，与泛函极值求解问题建立联系；然后通过离散连续求解区域，将转化而来的变分方程进行节点离散化处理，获得以节点求解电势为变量的线性方程组；最后求解方程组即可获得离散节点的电势值。通过节点电势值的分布状况可表征点源电场的空间分布规律[7]。

1. 三维电场的变分问题

1)总电势的变分问题
构造如下泛函：

$$I(U) = \int_\Omega \left[\frac{1}{2}\sigma(\nabla U)^2 - 2I\delta(A)U\right]\mathrm{d}\Omega \tag{4.22}$$

其变分为

$$\begin{aligned}\delta I(U) &= \int_\Omega \left[\sigma\nabla U\nabla(\delta U) - 2I\delta(A)\delta U\right]\mathrm{d}\Omega \\ &= \int_\Omega \left\{\nabla(\sigma\nabla U\delta U) - \left[\nabla(\sigma\nabla U) + 2I\delta(A)\right]\delta U\right\}\mathrm{d}\Omega\end{aligned} \tag{4.23}$$

求解可得

$$\begin{cases} F(U) = \int_{\Omega}\left[\frac{1}{2}\sigma(\nabla U)^2 - 2I\delta(A)U\right]\mathrm{d}\Omega + \int_{\Gamma_{\infty}}\sigma\frac{\cos(r,n)}{r}U^2\mathrm{d}\Gamma \\ \delta F(U) = 0 \end{cases} \quad (4.24)$$

三维电场总电势的边值问题与上述变分问题等价。

2)异常电势的变分问题

由于异常电势的存在,可将异常电导率分离,因此构造如下泛函:

$$I(u) = \int_{\Omega}\left[\frac{1}{2}\sigma(\nabla u)^2 + \sigma'\nabla u_0\nabla u\right]\mathrm{d}\Omega \quad (4.25)$$

其变分为

$$\delta I(u) = \int_{\Omega_1}(\sigma_1\nabla u_1 + \sigma_1'\nabla u_0)\nabla(\delta u_1)\mathrm{d}\Omega + \int_{\Omega_2}(\sigma_2\nabla u_2 + \sigma_2'\nabla u_0)\nabla(\delta u_2)\mathrm{d}\Omega \quad (4.26)$$

求解可得

$$\begin{cases} F(u) = \int_{\Omega}\left[\frac{1}{2}\sigma(\nabla u)^2 + \sigma'\nabla u_0\nabla u\right]\mathrm{d}\Omega + \int_{\Gamma_{\infty}}\left[\frac{1}{2}\sigma\frac{\cos(r,n)}{r}u^2 + \sigma'\frac{\cos(r,n)}{r}u_0u\right]\mathrm{d}\Gamma \\ \delta F(u) = 0 \end{cases}$$

$$(4.27)$$

三维电场异常电势的边值问题与上述变分问题等价。

2. 电势的计算

1)总电势的计算

有限元法求解时需对研究区域进行离散化,采用六面体单元将区域目标进行剖分,每个剖分六面体单元有八个角点,剖分单元图如图 4.3 所示。

单元中电势采用线性插值,其插值函数可表示为

$$U = \sum_{i=1}^{8}N_iU_i \quad (4.28)$$

式中,$U_i(i=1,2,\cdots,8)$ 为剖分六面体单元各顶点的待定值;$N_i(i=1,2,\cdots,8)$ 为插值函数,表示为

$$N_i = \frac{1}{8}(1+\xi_i\xi)(1+\eta_i\eta)(1+\zeta_i\zeta) \quad (4.29)$$

式中，ξ_i、η_i、ζ_i 为点 $i(i=1,2,\cdots,8)$ 的坐标；ξ、η、ζ 为母单元的坐标。

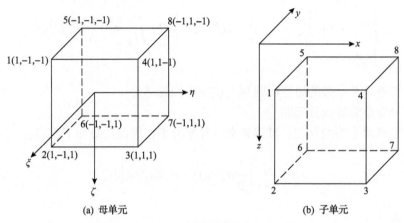

(a) 母单元　　　　　　　　　　　　(b) 子单元

图 4.3　剖分单元图

将式 (4.24) 中的各个积分分解为各单元 e 上的积分，其中积分

$$\int_\Omega \frac{1}{2}\sigma(\nabla U)^2 \mathrm{d}\Omega = \int_\Omega \frac{1}{2}\sigma\left[\left(\frac{\partial U}{\partial x}\right)^2 + \left(\frac{\partial U}{\partial y}\right)^2 + \left(\frac{\partial U}{\partial z}\right)^2\right]\mathrm{d}x\mathrm{d}y\mathrm{d}z \tag{4.30}$$

式中，

$$\begin{cases} \left(\dfrac{\partial U}{\partial x}\right)^2 = \boldsymbol{U}_e^\mathrm{T}\left(\dfrac{\partial \boldsymbol{N}}{\partial x}\right)\left(\dfrac{\partial \boldsymbol{N}}{\partial x}\right)^\mathrm{T}\boldsymbol{U}_e \\[2mm] \left(\dfrac{\partial U}{\partial y}\right)^2 = \boldsymbol{U}_e^\mathrm{T}\left(\dfrac{\partial \boldsymbol{N}}{\partial y}\right)\left(\dfrac{\partial \boldsymbol{N}}{\partial y}\right)^\mathrm{T}\boldsymbol{U}_e \\[2mm] \left(\dfrac{\partial U}{\partial z}\right)^2 = \boldsymbol{U}_e^\mathrm{T}\left(\dfrac{\partial \boldsymbol{N}}{\partial z}\right)\left(\dfrac{\partial \boldsymbol{N}}{\partial z}\right)^\mathrm{T}\boldsymbol{U}_e \end{cases} \tag{4.31}$$

式中，

$$\boldsymbol{U}_e = \begin{bmatrix} U_1 & U_2 & \cdots & U_8 \end{bmatrix}^\mathrm{T}$$

$$\frac{\partial \boldsymbol{N}}{\partial \boldsymbol{x}} = \begin{bmatrix} \dfrac{\partial N_1}{\partial x} & \dfrac{\partial N_2}{\partial x} & \dots & \dfrac{\partial N_8}{\partial x} \end{bmatrix}^\mathrm{T}$$

$$\frac{\partial \boldsymbol{N}}{\partial \boldsymbol{y}} = \begin{bmatrix} \dfrac{\partial N_1}{\partial y} & \dfrac{\partial N_2}{\partial y} & \dots & \dfrac{\partial N_8}{\partial y} \end{bmatrix}^\mathrm{T}$$

$$\frac{\partial \boldsymbol{N}}{\partial \boldsymbol{z}} = \begin{bmatrix} \dfrac{\partial N_1}{\partial z} & \dfrac{\partial N_2}{\partial z} & \dots & \dfrac{\partial N_8}{\partial z} \end{bmatrix}^\mathrm{T}$$

将式(4.31)代入式(4.30)，可得

$$\int_{\Omega} \frac{1}{2} \sigma (\nabla U)^2 \, \mathrm{d}\Omega = \frac{1}{2} \boldsymbol{U}_e^{\mathrm{T}} \boldsymbol{K}_{1e} \boldsymbol{U}_e \tag{4.32}$$

式中，$\boldsymbol{K}_{1e}$ 为元素 k_{ij} 构成的单元刚度矩阵。

$$k_{ij} = \sigma \sum_{i=1}^{s} \int_{-1}^{1} \int_{-1}^{1} \int_{-1}^{1} \left[\left(\frac{\mathrm{d}N_i}{\mathrm{d}\xi} \frac{\mathrm{d}\xi}{\mathrm{d}x} \right) \left(\frac{\mathrm{d}N_j}{\mathrm{d}\xi} \frac{\mathrm{d}\xi}{\mathrm{d}x} \right) + \left(\frac{\mathrm{d}N_i}{\mathrm{d}\eta} \frac{\mathrm{d}\eta}{\mathrm{d}y} \right) \left(\frac{\mathrm{d}N_j}{\mathrm{d}\eta} \frac{\mathrm{d}\eta}{\mathrm{d}y} \right) \right.$$
$$\left. + \left(\frac{\mathrm{d}N_i}{\mathrm{d}\zeta} \frac{\mathrm{d}\zeta}{\mathrm{d}z} \right) \left(\frac{\mathrm{d}N_j}{\mathrm{d}\zeta} \frac{\mathrm{d}\zeta}{\mathrm{d}z} \right) \frac{1}{8} abc \right] \mathrm{d}\xi \mathrm{d}\eta \mathrm{d}\zeta$$

显然

$$\int_{\Omega} 2I \delta(A) U \, \mathrm{d}\Omega = U_A I \tag{4.33}$$

式中，I 为电流；U_A 为点电源电势。该积分值仅与电源点的 U_A 有关。

同时

$$\frac{1}{2} \int_{\Gamma_\infty} \sigma \frac{\cos(r, n)}{r} U^2 \, \mathrm{d}\Gamma = \frac{1}{2} \boldsymbol{U}_e^{\mathrm{T}} \boldsymbol{K}_{2e} \boldsymbol{U}_e \tag{4.34}$$

式中，$\boldsymbol{K}_{2e}$ 为对应的单元刚度矩阵。

将式(4.32)～式(4.34)代入式(4.24)，可得单元 e 积分 $F_e(U)$ 的各项，再扩展成由全体节点组成的矩阵，最后由全部单元积分相加得

$$F(U) = \sum_{i=1}^{8} \frac{1}{2} \boldsymbol{U}_e^{\mathrm{T}} (\boldsymbol{K}_{1e} + \boldsymbol{K}_{2e}) \boldsymbol{U}_e - U_A I \tag{4.35}$$

式(4.35)无法直接求解，需对其进行转化，令 $\boldsymbol{U}$ 为各节点电势 U 构成的矩阵，则

$$F(U) = \frac{1}{2} \boldsymbol{U}^{\mathrm{T}} \boldsymbol{K} \boldsymbol{U} - \boldsymbol{U}^{\mathrm{T}} \boldsymbol{S} \tag{4.36}$$

式中，

$$\boldsymbol{K} = \sum_{i=1}^{8} \boldsymbol{K}_e, \quad \boldsymbol{K}_e = \boldsymbol{K}_{1e} + \boldsymbol{K}_{2e}, \quad \boldsymbol{S} = \begin{bmatrix} 0 & \cdots & U_A & \cdots & 0 \end{bmatrix}^{\mathrm{T}}$$

对式(4.36)求变分，并令其等于零，可得如下线性方程组：

$$KU = S \tag{4.37}$$

式中，K 为总体刚度矩阵；S 为供电点列向量。

求解方程组(4.37)即可得到各节点的总电势矩阵 U。

2)异常电势的计算

异常电势计算方法与总电势类似。

式(4.27)中积分

$$\int_{\Omega} \frac{1}{2}\sigma(\nabla u)^2 \mathrm{d}\Omega = \int_{\Omega}\frac{1}{2}\sigma\left[\left(\frac{\partial u}{\partial x}\right)^2 + \left(\frac{\partial u}{\partial y}\right)^2 + \left(\frac{\partial u}{\partial z}\right)^2\right]\mathrm{d}x\mathrm{d}y\mathrm{d}z = \frac{\sigma}{2}\boldsymbol{u}_e^{\mathrm{T}}\boldsymbol{K}_{1e}\boldsymbol{u}_e \tag{4.38}$$

式中，

$$\boldsymbol{u}_e = \begin{bmatrix} u_1 & u_2 & \cdots & u_8 \end{bmatrix}^{\mathrm{T}}$$

同理，可得

$$\int_{\Omega}\sigma'\nabla u_0 \nabla u\mathrm{d}\Omega = \int_{\Omega}\sigma'\left(\frac{\partial u_0}{\partial x}\frac{\partial u}{\partial x} + \frac{\partial u_0}{\partial y}\frac{\partial u}{\partial y} + \frac{\partial u_0}{\partial z}\frac{\partial u}{\partial z}\right)\mathrm{d}x\mathrm{d}y\mathrm{d}z = \sigma'\boldsymbol{u}_e^{\mathrm{T}}\boldsymbol{K}_{1e}\boldsymbol{u}_{e0} \tag{4.39}$$

式中，

$$\boldsymbol{u}_{e0} = \begin{bmatrix} u_{01} & u_{02} & \cdots & u_{08} \end{bmatrix}^{\mathrm{T}}$$

选取单元 ζ 的一个面 1234 视为落在无穷远的边界上，则 $D = \dfrac{\cos(r,n)}{r}$ 可以视为常数，则边界积分为

$$\int_{\Gamma_\infty}\frac{1}{2}\sigma\frac{\cos(r,n)}{r}u^2\mathrm{d}\Gamma = \frac{\sigma}{2}\boldsymbol{u}_e^{\mathrm{T}}\boldsymbol{K}_{2e}\boldsymbol{u}_e \tag{4.40}$$

$$\int_{1234}\sigma'\frac{\cos(r,n)}{r}u_0 u\mathrm{d}\Gamma = \sigma'\boldsymbol{u}_e^{\mathrm{T}}\boldsymbol{K}_{2e}\boldsymbol{u}_{e0} \tag{4.41}$$

在单元内将式(4.38)～式(4.41)的积分结果相加，再扩展成全体节点组成的矩阵，将所有剖分单元进行累加，可得

$$F(u) = \frac{1}{2}\boldsymbol{u}_e^{\mathrm{T}}\boldsymbol{K}\boldsymbol{u}_e + \boldsymbol{u}_e^{\mathrm{T}}\boldsymbol{K}'\boldsymbol{u}_{e0} \tag{4.42}$$

对式(4.42)求变分，并令其等于零，可得如下线性方程组：

$$\boldsymbol{K}\boldsymbol{u}_e + \boldsymbol{K}'\boldsymbol{u}_{e0} = 0 \tag{4.43}$$

式中，K、K' 分别为正常电势和异常电势的总体刚度矩阵。

$$K = \sum_{i=1}^{8} \bar{K}_e, \quad K' = \sum_{i=1}^{8} \bar{K}'_e, \quad \bar{K}_e = \sigma(K_{1e} + K_{2e}), \quad \bar{K}'_e = \sigma'(K_{1e} + K_{2e})$$

求解方程组(4.43)即可得到异常电势矩阵。

4.2　土石堤坝渗漏的三维电场成像反演模型

三维电阻率成像反演是根据地面观测的电势或者视电阻率，重构研究区域内的三维电阻率分布的过程，属于典型的地球物理反演问题。解决该问题最常见且最有效的方法是最小二乘法，但由于其反演迭代的过程不稳定，常需要引入正则化因子进行计算，导致反演结果过于复杂，出现多余构造的假异常体，给反演解译造成困难。为了抑制地电结构的不合理性，可利用最小构造反演方法，通过定义模型粗糙度使得反演稳定且得到模型的光滑解。

本节基于电阻率成像的反演方程，采用最小构造方法将求解参数化模型的光滑解问题变成无约束最优化问题，构造反演目标函数，并进一步利用共轭梯度法对其进行计算，加快收敛速度。

4.2.1　电阻率成像反演方程

在电阻率成像问题中，由观测数据通过反演来确定地下电阻率的分布，其关系可以表示为

$$\rho_s = f(\rho) \tag{4.44}$$

式中，ρ_s 为视电阻率，$\rho_s = \begin{bmatrix} \rho_{s1} & \rho_{s2} & \rho_{s3} & \cdots & \rho_{sM} \end{bmatrix}$，其中，$M$ 为观测的数据个数；ρ 为待求的电阻率参数。

式(4.44)表明，电阻率成像方程实际上是 M 维视电阻率空间(观测数据空间)映射到无穷维电阻率空间(模型参数空间)的变换，而这种变换不可能实现一一对应的关系，这就会导致反演结果中解的非唯一性，无论采用何种方法，均只能得到近似解。一般是将非线性反演问题近似为线性反演问题来求解，同时将半无限求解空间人为地约束到有效的研究区域，再通过成熟的线性反演理论来求解电阻率成像问题[8]。

假设研究区域内为 N 个立方体单元，且每个单元内的电阻率均为常数，分别用 $\rho_1, \rho_2, \rho_3, \cdots, \rho_N$ 表示，第 i 个视电阻率可表示为

$$\rho_{si} = f(\rho_{i1}, \rho_{i2}, \rho_{i3}, \cdots, \rho_{iN}), \quad i = 1, 2, \cdots, M \tag{4.45}$$

式 (4.45) 表示第 i 个视电阻率与实际电阻率之间的非线性相关关系。对于已有的电阻率初始模型 $\boldsymbol{\rho}_0 = \left(\rho_{01}, \rho_{02}, \rho_{03}, \cdots, \rho_{0N}\right)$，可对式 (4.45) 进行泰勒级数展开，即

$$\boldsymbol{\rho}_{si} = f\left(\rho_{01}, \rho_{02}, \rho_{03}, \cdots, \rho_{0N}\right) + \sum_{j=1}^{N} \frac{\partial \boldsymbol{\rho}_{si}}{\partial \rho_j} \Delta \rho_j + \sum_{j=1}^{N} \sum_{k=1}^{N} \frac{1}{2} \frac{\partial^2 \boldsymbol{\rho}_{si}}{\partial \rho_j \partial \rho_k} \Delta \rho_j \Delta \rho_k \quad (4.46)$$

式中，$f\left(\rho_{01}, \rho_{02}, \rho_{03}, \cdots, \rho_{0N}\right)$ 为初始模型的理论视电阻率；$\Delta \rho_j$ 为第 j 个单元的电阻率修改量，$\Delta \rho_j = \rho_j - \rho_{0j}$。

对式 (4.46) 取近似线性化，即略去二阶及二阶以上的项，可得

$$\boldsymbol{\rho}_{si} = f\left(\rho_{01}, \rho_{02}, \rho_{03}, \cdots, \rho_{0N}\right) + \sum_{j=1}^{N} \frac{\partial \boldsymbol{\rho}_{si}}{\partial \rho_j} \Delta \rho_j \quad (4.47)$$

令 $\Delta \boldsymbol{\rho}_{si} = \boldsymbol{\rho}_{si} - f\left(\rho_{01}, \rho_{02}, \rho_{03}, \cdots, \rho_{0N}\right)$，则式 (4.47) 可写为

$$\Delta \boldsymbol{\rho}_{si} = \sum_{j=1}^{N} \frac{\partial \boldsymbol{\rho}_{si}}{\partial \rho_j} \Delta \rho_j \quad (4.48)$$

由于所有视电阻率均符合式 (4.47) 的关系，可用矩阵形式表示为

$$\Delta \boldsymbol{\rho}_s = \boldsymbol{J} \Delta \boldsymbol{\rho} \quad (4.49)$$

式中，$\boldsymbol{J}$ 为 $M \times N$ 雅可比矩阵；$\Delta \boldsymbol{\rho}$ 为对初始模型电阻率的修改向量；$\Delta \boldsymbol{\rho}_s$ 为观测数据和正演理论值之间的残差向量。

4.2.2　最小构造反演

定义粗糙度 $\boldsymbol{R}_1$ 为

$$\boldsymbol{R}_1 = \left(\int \frac{\partial \Delta \boldsymbol{\rho}}{\partial x} \mathrm{d}x\right)^2 + \left(\int \frac{\partial \Delta \boldsymbol{\rho}}{\partial y} \mathrm{d}y\right)^2 + \left(\int \frac{\partial \Delta \boldsymbol{\rho}}{\partial z} \mathrm{d}z\right)^2 \quad (4.50)$$

将式 (4.50) 离散化，并以差分代替一阶微分项，表示为矩阵形式，即

$$\boldsymbol{R}_1 = \Delta \boldsymbol{\rho}^{\mathrm{T}} \left(\boldsymbol{R}_x^{\mathrm{T}} \boldsymbol{R}_x + \boldsymbol{R}_y^{\mathrm{T}} \boldsymbol{R}_y + \boldsymbol{R}_z^{\mathrm{T}} \boldsymbol{R}_z\right) \Delta \boldsymbol{\rho} \quad (4.51)$$

式中，$\boldsymbol{R}_x$、$\boldsymbol{R}_y$、$\boldsymbol{R}_z$ 分别为模型在 x、y、z 方向上的粗糙程度矩阵。

求解光滑解的实质是使模型的粗糙程度 $\boldsymbol{R}_1$ 最小，即求出上述表达式的极小值。结合式 (4.49)，将求解参数化模型的光滑解问题转化为求解无约束的最优化

问题，可构成如下最小构造反演的目标函数：

$$\phi = R_1 + \lambda^{-1}(\Delta\rho_s - J\Delta\rho)^{\mathrm{T}}(\Delta\rho_s - J\Delta\rho) \tag{4.52}$$

式中，λ 为拉格朗日因子。

式(4.52)可写为

$$\phi = \Delta\rho^{\mathrm{T}}(R_x^{\mathrm{T}}R_x + R_y^{\mathrm{T}}R_y + R_z^{\mathrm{T}}R_z)\Delta\rho + \lambda^{-1}(\Delta\rho_s - J\Delta\rho)^{\mathrm{T}}(\Delta\rho_s - J\Delta\rho) \tag{4.53}$$

求解式(4.53)目标函数 ϕ 极小的最优化问题，采用目标函数 ϕ 对 $\Delta\rho$ 求偏导并令其为零，由此可得

$$J^{\mathrm{T}}\Delta\rho_s = J^{\mathrm{T}}J\Delta\rho + \lambda\left(R_x^{\mathrm{T}}R_x + R_y^{\mathrm{T}}R_y + R_z^{\mathrm{T}}R_z\right)\Delta\rho \tag{4.54}$$

求解上述方程组可得 $\Delta\rho$，对初始模型修正后进行迭代计算，直到满足收敛条件为止。

4.2.3　三维反演的共轭梯度算法

1. 构造共轭方向

设 $\Delta\rho_0$ 为任意一个指定的初始点，在 $\Delta\rho_0$ 处取得目标函数的梯度为 g_0，即首次搜索向量

$$p_0 = -g_0 \tag{4.55}$$

再从 $\Delta\rho_0$ 出发，顺着 p_0 所在方向可以找到目标函数的最小值。

$$\Delta\rho_1 = \Delta\rho_0 + t_0 p_0 \tag{4.56}$$

目标函数在 $\Delta\rho_1$ 处的梯度为 g_1，则有

$$\left(g_1\right)^{\mathrm{T}} g_0 = 0 \tag{4.57}$$

利用 g_1 与 p_0 构造第二次搜索方向：

$$p_1 = -g_1 + \beta_0 p_0 \tag{4.58}$$

这里要求 g_1 与 p_0 必须关于 J 是共轭的，即 $\left(p_1\right)^{\mathrm{T}} J p_0 = 0$，用 $J p_0$ 右乘式(4.58)转置后的两边，可得

$$\left(\boldsymbol{p}_1\right)^{\mathrm{T}}\boldsymbol{J}\boldsymbol{p}_0 = -\left(\boldsymbol{g}_1\right)^{\mathrm{T}}\boldsymbol{J}\boldsymbol{p}_0 + \left(\boldsymbol{\beta}_0\boldsymbol{p}_0\right)^{\mathrm{T}}\boldsymbol{J}\boldsymbol{p}_0 = 0 \tag{4.59}$$

可以得到

$$\beta_0 = \frac{\left(\boldsymbol{g}_1\right)^{\mathrm{T}}\boldsymbol{J}\boldsymbol{p}_0}{\left(\boldsymbol{p}_0\right)^{\mathrm{T}}\boldsymbol{J}\boldsymbol{p}_0} \tag{4.60}$$

以此类推，可以得到 $\boldsymbol{p}_k$ ，顺着 $\boldsymbol{p}_k$ 所在方向可以找到目标函数的极小点。

$$\Delta\boldsymbol{\rho}_{k+1} = \Delta\boldsymbol{\rho}_k + t_k\boldsymbol{p}_k \tag{4.61}$$

此时共轭梯度为 $\boldsymbol{g}_{k+1}$ ，进一步取 $\boldsymbol{p}_{k+1}$ 为

$$\boldsymbol{p}_{k+1} = -\boldsymbol{g}_{k+1} + \beta_k\boldsymbol{p}_k \tag{4.62}$$

可以得到

$$\beta_k = \frac{\left(\boldsymbol{g}_{k+1}\right)^{\mathrm{T}}\boldsymbol{J}\boldsymbol{p}_k}{\left(\boldsymbol{p}_k\right)^{\mathrm{T}}\boldsymbol{J}\boldsymbol{p}_k}, \quad k=0,1,\cdots,n-1 \tag{4.63}$$

此时，可以构造出 n 个共轭向量 $\boldsymbol{p}_0,\boldsymbol{p}_1,\cdots,\boldsymbol{p}_{n-1}$ 。

对 $\boldsymbol{J}$ 为正定的极小问题，有

$$\beta_k = \frac{\left(\boldsymbol{g}_{k+1}\right)^{\mathrm{T}}\boldsymbol{g}_{k+1}}{\left(\boldsymbol{g}_k\right)^{\mathrm{T}}\boldsymbol{g}_k} = \frac{\left\|\boldsymbol{g}_{k+1}\right\|_2^2}{\left\|\boldsymbol{g}_k\right\|_2^2} \tag{4.64}$$

$$t_k = \frac{\left(\boldsymbol{g}_k\right)^{\mathrm{T}}\boldsymbol{g}_k}{\left(\boldsymbol{p}_k\right)^{\mathrm{T}}\boldsymbol{J}\boldsymbol{p}_k} \tag{4.65}$$

2. 计算步骤

(1)给定初始模型 $\boldsymbol{\rho}_0$ ，并计算观测数据与正演理论值之间的残差向量 $\Delta\boldsymbol{\rho}_{\mathrm{s}}$ 。

(2)给定初始点 $\Delta\boldsymbol{\rho}_0$ ，计算 $\boldsymbol{p}_0$ ，允许误差 $\varepsilon>0$ 。

(3)计算 $\boldsymbol{g}_k = \nabla\phi(\Delta\boldsymbol{\rho}_k)$ ，若 $\left\|\boldsymbol{g}_k\right\|_2<\varepsilon$ 则停止计算，此时点 $\Delta\boldsymbol{\rho}^* = \Delta\boldsymbol{\rho}_k$ ，否则进行下一步。

(4)构造搜索方向，令 $\boldsymbol{p}_k = -\boldsymbol{g}_k + \beta_{k-1}\boldsymbol{p}_{k-1}$ ，其中当 $k=1$ 时， $\beta_{k-1}=\boldsymbol{0}$ ， $\beta_k = \beta_0$ ，当 $k>1$ 时，有

$$\beta_k = \frac{\left\| g_{k+1} \right\|_2^2}{\left\| g_k \right\|_2^2}$$

(5) $\Delta \rho_{k+1} = \Delta \rho_k + t_k p_k$，求出步长。

(6) 确定新的 $\Delta \rho_{k+1}$，返回步骤 (3) 检验是否满足条件，满足则停止迭代，不满足则重复上述过程，迭代结束可求得 $\Delta \rho_k$，从而可修正初始模型，即

$$\rho_{k+1} = \rho_k + \Delta \rho_k$$

4.3　土石堤坝渗漏的三维电场成像实现方法

对比总电势和异常电势的边界条件，二者的总体刚度矩阵 K、K' 均与扩展前积分边界有关，即边界积分项与点电源的位置有关。因此，每次移动点电源的位置，总体刚度矩阵需重新进行计算，然后求解线性方程组，计算量巨大。Delphi 编程语言开发工具具有开发高效、运行稳定、快速等优点，其自带的丰富数据库文件在计算过程中可直接调用，大大减少了计算编程的工作量。该语言支持跨平台数据库调用，可实现界面开发、数据库计算存储、调用编辑图像工具等功能。其自身的 Delphi FireMonkey 具有计算机加速性能，自动使计算加速达到最大化，对有限元正演计算大型稀疏矩阵具有完美的特性匹配。因此，本节基于电阻率成像的正演模型，编写有限元正演计算程序，并通过调用开源软件和 SQLite 数据库存储相结合的方式，实现计算的加速优化。

4.3.1　三维电场模拟分析的实现过程

根据有限元计算原理，首先进行计算区域剖分，将完整区域进行单元离散，再根据离散后的单元，计算由每个节点生成的刚度矩阵，按照对号入座的原则将得到的单元刚度矩阵合成到总体刚度矩阵中，构建总体刚度矩阵。三维电场分布计算流程如图 4.4 所示，具体过程如下：

(1) 区域离散，设置模型参数。在三维坐标系下，离散得到在 x、y 和 z 方向上的单元数量，即确定每个单元的长、宽、高和电导率。

(2) 由确定的单元长、宽、高及电导率计算每个单元节点上的 K_{1e} 和 K_{2e}，并最终生成单元刚度矩阵 K_e。

(3) 根据节点编号规则，得到离散后模型每个节点与三维坐标的对应关系。

(4) 计算每个单元内部 8 节点与三维坐标的对应关系。

(5) 根据步骤 (3)、(4) 计算的结果合并数据，获取三维坐标系下每个坐标点对应的节点编号及其对应单元的内部节点编号。

(6)根据步骤(5)计算的对应关系,再结合步骤(2)中计算的单元刚度矩阵,生成总体刚度矩阵 **K**(异常电势法中可同时生成异常单元总体刚度矩阵 **K'**)。

(7)通过总电势法、异常电势法求取各节点电势。

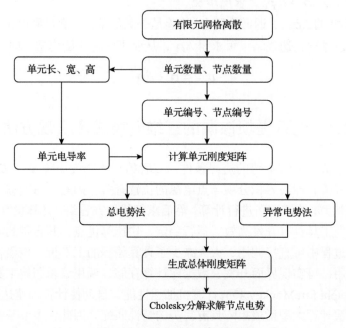

图 4.4　三维电场分布计算流程

4.3.2　三维电场模拟分析的加速优化

随着迭代法、共轭梯度法、预共轭梯度法、松弛迭代法、超松弛迭代法、Cholesky 分解法等矩阵优化解法的广泛应用以及边界条件的简化应用,三维电场分布求解方法加速提升的空间已不大,而求解过程中大量数据的频繁存储、调用却存在很大的速度提升空间。基于此,采用以下两种方式进行三维电场分布模拟的加速优化。

1. R 语言求解加速优化

R 语言是一种免费开源的工具类软件,其计算运行速度是各统计分析软件中最快的。优化时采用 R 语言函数进行矩阵分解计算,在提高计算速度的同时可避免出错。在三维电场分布计算过程中,通过 Delphi 语言直接调取 R 语言进行高阶矩阵的 Cholesky 分解和反代求解,保证计算效率和准确性。

采用 R 语言求解的优化过程如下:

（1）对三维电场分布求解过程中形成的总体刚度矩阵 K 进行 Cholesky 分解，获得矩阵 L 和 L^T（$K = LL^T$）。

（2）根据模型参数设置，以测线为单位，获取模型表层的节点编号（数量为 N），对这些节点逐一进行赋值，即施加电压的节点数值为 1，其余数值全部为 0，从而生成 N 个列向量 P。

（3）根据步骤运算规则，先代入 L^T 和 P 求解中间向量 Y，再代入 L 和 Y 求解最终向量 U，并对生成的 N 个向量 P 进行 N 次计算（即 N 次正演），最终计算得到 N 个向量 U，获得表层某个节点施加电压后其他节点的电势，并将每次计算结果的各节点电势存储于 SQLite 数据库中，方便后续数据的调用和计算。

R 语言优化计算流程如图 4.5 所示。

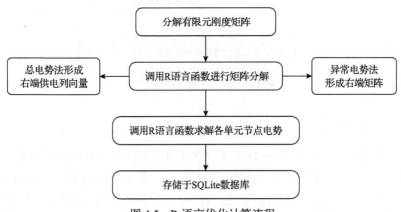

图 4.5 R 语言优化计算流程

2. SQLite 内存数据库存储调用加速优化

在有限元的三维电场分布计算中，由于离散单元会产生大量的节点，根据有限元原理，节点相互作用过程中会产生大量的零元素。这些零元素与非零元素混在一起形成了大型的正定稀疏矩阵，此矩阵整体存储会占用很大的内存。虽然通过不同的压缩存储方式可以简化计算，但是会大量耗费计算机的物理内存，导致计算速度降低。

针对上述计算效率问题，采用 SQLite 数据库存储予以解决。运用这种方法可以很好地解决计算过程中大量数据存储、调用时间过长的问题，显著提升了计算机运行速度。首先，作为嵌入式数据库，SQLite 提供了简单有效地处理海量数据的方式，运算过程中产生的数据打破了原有的磁盘、文件读写方式，直接将数据做内存变量处理，这种处理方式与传统直接存储的处理方式完全不同，计算运行速度会大大加快；其次，SQLite 数据库临时数据集作用明显，许多三维电场分布计算过程中的临时数据可直接存储于数据库中，加快了数据的存储、调用速度；最后，SQLite 数据库中数据查询方便快捷，计算数据加载于 SQLite 数据库中可随时查询、提取数据，计算过程方便快捷，较好地提高了计算效率。图 4.6 为 SQLite 加速优化流程。

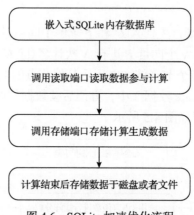

图 4.6　SQLite 加速优化流程

3. 优化对比分析

为了对比说明采用 SQLite 数据库存储在有限元计算方面的速度优势，本节与文献[6]中 2 层地层模型正演计算结果进行对比，表 4.1 为不同电场分布计算方法所需内存及计算时间对比。可以看出，在不同运行环境下，Cholesky 分解法的运算速度比文献提升了 21%，内存消耗量降低了约 21%。采取调用 R 语言 Cholesky 分解与 SQLite 数据库相结合的计算和数据处理方法比单纯采用 Cholesky 分解法的运算速度提高了约 90%，内存耗用量降低了约 98%；比 JPCG 算法的运算速度提高了约 29%，内存耗用量降低了约 40%。由此可见，采用调用 R 语言 Cholesky 分解和 SQLite 数据库相结合的方式进行三维电场分布计算加速优化，不仅可以大大降低计算机物理内存消耗量，还可显著提高计算速度，而且方法简单易行。

表 4.1　不同电场分布计算方法所需内存及计算时间对比

来源	计算方法	内存占用/B	迭代次数	耗时/s
文献[6]	高斯消去法	625160	—	430
	Cholesky 分解法	3122808	—	307
	SSOR-PCG 算法	228060	378	190
	JPCG 算法	92592	423	35

续表

来源	计算方法	内存占用/B	迭代次数	耗时/s
本书	Cholesky 分解法	2481365	—	242
	调用 R 语言 Cholesky 分解+SQLite 数据库	55626	—	25

4.4 土石堤坝渗漏的三维电场成像数值模拟研究

为了检验三维电场成像正演模型及实现方法的可靠性，本节分别设计无隐患土石堤坝和含渗漏通道的土石堤坝模型，通过数值模拟计算对电势分布的成像效果进行研究。

4.4.1 无隐患土石堤坝三维电场成像

土石堤坝三维模型长 32m、宽 9m、高 9m，坝体电阻率设为 $101.5\Omega\cdot m$。输入模型计算参数后，按照长、宽、高各 1m 的单元尺寸对模型进行网格剖分，共获得 2592 个单元和 3300 个节点，将模型各单元赋予坝体电导率，供电点位设于坐标原点，电流为 1A。模型共耗时 2.73s 完成计算。

为显示内部电场分布规律，减少成像数据区间，在成像过程中对计算数据取对数运算，获得无隐患土石堤坝模型的三维电场分布如图 4.7 所示，无隐患土石堤坝模型的三维电场分布切片如图 4.8 所示。可以看出，无隐患土石堤坝模型内，点源电场中等势线呈现以点源点为中心向外辐射发散的分布状态，且距离点源点越远，电势越小，等势线发散半径越大，至最远处等势线近乎垂直；电势变化速率随着距点源点距离的增大而减小，越靠近点源点，电势变化越大，中间位置变化较为平缓，距离点源点最远处变化最小。从整体上看，无任何异常偏折现象发生。

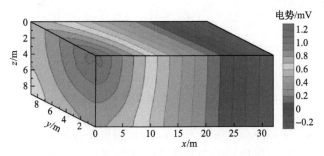

图 4.7 无隐患土石堤坝模型的三维电场分布

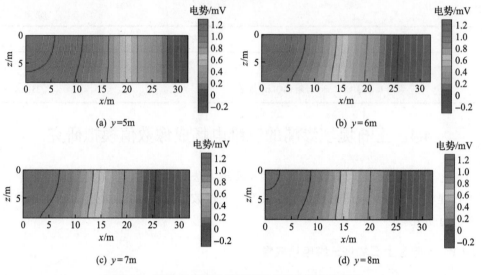

图 4.8 无隐患土石堤坝模型的三维电场分布切片

4.4.2 含渗漏通道土石堤坝三维电场成像

含渗漏通道土石堤坝模型示意图如图 4.9 所示。土石堤坝三维模型尺寸及坝体材料同 4.4.1 节，在模型内部沿 y 轴方向设直径为 0.5m 的低阻贯穿体，其电阻率为 $11.2\Omega\cdot m$，用以模拟渗漏通道，该通道距 yz 面边界 3m，埋深 4m。

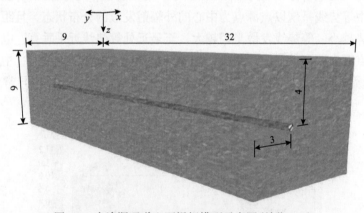

图 4.9 含渗漏通道土石堤坝模型示意图(单位：m)

供电点源设于坐标原点，电流为 1A，完成模型参数输入后，经计算获得的含渗漏通道土石堤坝的三维电场分布和切片分别如图 4.10 和图 4.11 所示。可以看出，渗漏通道长度范围内电场等势线发生 V 形偏折，偏折点指向通道内部，且距离点源点越近，隐患引起的等势线偏折越明显，随着距点源点距离的增大，等势线偏折度减小。图 4.11 能够反映出隐患的大致位置。

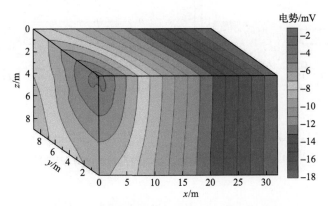

图 4.10　含渗漏通道土石堤坝的三维电场分布

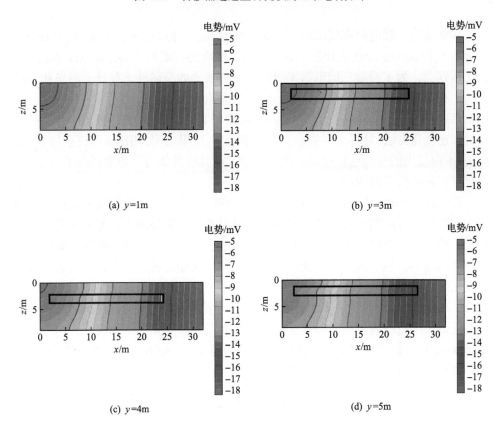

(a) y=1m

(b) y=3m

(c) y=4m

(d) y=5m

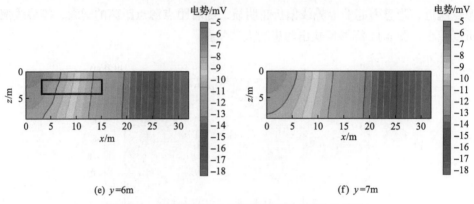

(e) $y=6\mathrm{m}$　　　　　　　(f) $y=7\mathrm{m}$

图 4.11　含渗漏通道土石堤坝的三维电场分布切片

4.5　本章小结

本章根据三维电阻率成像的正反演模型,给出了相应的求解方法,采用 Delphi 语言基于 Cholesky 分解法开发了带加速优化性能的有限元正演计算程序和软件。在此基础上,为了检验三维电阻率成像模型和软件的准确性,设计无隐患和含隐患的土石堤坝模型进行了模拟计算。研究结论如下:

(1)通过采用 Cholesky 分解法,并采取调用 R 语言和 SQLite 数据库存储相结合的加速优化方法,计算土石堤坝三维电场分布。结果表明,相比采用复杂的 JPCG 算法,本章提出的带加速优化的三维电阻率正演算法总体运算速度提高了约 29%,内存耗用量降低了约 40%。

(2)通过分析均质土石堤坝的三维电场分布,获得了坝体等势线呈以点源点为中心向外辐射发散的分布规律,且距离点源点越远,电势越小,等势线发散半径越大,最外沿等势线近乎垂直。此外,均质堤坝电势的变化速率随距点源点距离的增大而减小,越靠近点源点变化越大,中间位置变化较为平缓,距点源点最远处变化最小。

(3)通过分析点源场中非均质堤坝渗漏通道隐患的三维电场分布规律,获得了渗漏通道长度范围内电场等势线发生 V 形偏折的特征,偏折点指向通道内部,且距离点源点越近,隐患引起的电势等势线偏折越明显,随着距点源点距离的增大,等势线偏折度减小。

参 考 文 献

[1] Holcombe H T, Jiracek G R. Three-dimensional terrain corrections in resistivity surveys[J]. Geophysics, 1984, 49(4): 439-452.

[2] Oppliger G L. Three-dimensional terrain corrections for mise-à-la-masse and magnetometric resistivity surveys[J]. Geophysics, 1984, 49(10): 1718-1729.

[3] Spitzer K. A 3-D finite-difference algorithm for DC resistivity modelling using conjugate gradient[J]. Geophysical Journal International, 1995, 123(3): 903-914.

[4] 吴小平, 汪彤彤. 利用共轭梯度算法的电阻率三维有限元正演[J]. 地球物理学报, 2003, 46(3): 428-432.

[5] 王威, 吴小平. 电阻率任意各向异性三维有限元快速正演[J]. 地球物理学进展, 2010, 25(4): 1365-1371.

[6] 刘斌, 李术才, 李树忱, 等. 基于预条件共轭梯度法的直流电阻率三维有限元正演研究[J]. 岩土工程学报, 2010, 32(12): 1846-1853.

[7] 徐世浙. 地球物理中的有限单元法[M]. 北京: 科学出版社, 1994.

[8] 白登海, 于晟. 电阻率层析成像理论和方法[J]. 地球物理学进展, 1995, 10(1): 56-75.

第5章　土石堤坝渗漏的三维波场成像正反演模型研究

波动测试技术作为一种最为常用的物探方法,被广泛应用于工程地质勘探中,但是该技术在堤坝隐患诊断中应用的理论研究较少,停留在对异常体定性评价阶段,定量分析较难。波场成像技术作为一种由数据到图像的重建技术,为实现对物体内部物性的重建,主要解决模型的参数化、正演计算、反演及图像重建、反演结果的评价等问题,其中正反演算法是近些年研究的热点。波速成像重建主要基于射线理论(几何声学理论),射线理论只适用于波速在一个波长范围内变化很小的场合,是波动方程的高频近似。射线追踪层析成像方法由于走时具有较高信噪比、无论是柱面波还是球面波走时的规律都相同等优点,是波场成像的主要方法[1]。

本章运用最短路径射线追踪算法和拉东变换理论,构建土石堤坝渗漏的三维波场成像正反演模型,并通过编制软件实现正反演算法,在此基础上,设计带有异常速度区域的数值模型,对该实现方法的有效性和稳定性进行检验,并讨论反演精度、反演结果后处理等情况对成像结果的影响。

5.1　土石堤坝渗漏的三维波场成像正演模型

正演计算是层析成像分析的基础,在层析成像中起着极其重要的作用。波场成像正演计算的目的是确定激发点到接收点的射线路径,正演计算的精度和计算速度直接决定着成像的分辨率和可靠程度。最短路径射线追踪算法灵活而稳定,能模拟任意复杂介质射线,计算速度快、收敛稳定、分辨率高,在地震波正反演领域得到了广泛应用。

5.1.1　最短路径射线追踪算法

最短路径算法起源于网络理论,首先由 Nakanishi 等[2]应用于地震波射线追踪中,Moser[3]围绕最短路径算法的性能做了详细研究,进一步促进了该算法的应用。最短路径射线追踪算法是基于惠更斯原理和网络理论,将所测断面划分为由弧线连接的节点构成的网络,每个节点与相邻节点相联系。从震源点到所有节点的最短路径构成一最短路径树,每一射线节点即为绕射点,使能量不断向前传播。计算时从震源点开始，逐步向四周的单元扩展。先求出每个单元内任意两射线节点间的走时，并按费马原理确定出最小走时和最短路径，再求出震源点到接收点的最短射线路径和最小走时。这种方法是无条件稳定的，对模型的维数和复杂性没有任何限制。但在稀疏网格节点的情况下，稀疏的空间和方向离散会使得走时和路径位置出现较大的偏差，加密剖分网格并增加子波出射方向或者通过其他方法修正追踪结果是改善算法精度的有效办法，但会显著增加运算量，降低追踪系统的效率。

现有研究工作侧重于改善最短路径射线追踪算法的精度，如 van Avendonk 等[4]利用弯曲法来提高追踪结果的精度；李永博等[5]针对传统 FMM 旅行时间的精度和效率存在的问题，给出了改进措施；张婷婷等[6]提出了一种改进的 B 样条/线性联合插值的三维射线追踪算法，提高了射线路径的计算精度；龚屹等[7]对非均匀介质常速度梯度射线追踪算法进行了改进，提高了射线追踪的精确度。

5.1.2　Dijkstra 最短路径射线追踪算法

关于最短路径问题，由 Dijkstra 提出的标号法，即 Dijkstra 算法是最好的求解方法。在求从网络中某一节点(源点)到其余各节点的最短路径时，该算法将网络中的节点分成三部分：未标记节点、临时标记节点和最短路径节点。算法执行时，首先将源点初始化为最短路径节点，其余为未标记节点，每次从最短路径节点往相邻节点扩展，非最短路径节点的相邻节点修改为临时标记节点，判断权值是否更新后，在所有临时标记节点中提取权值最小的节点，修改为最短路径节点后作为下一次的扩展源，再重复前面的步骤，当所有节点都做过扩展源后，算法结束。具体算法描述如下：设在一非负权简单连通无向图 $G=[V\ \ E\ \ W]$(V 为顶点集，E 为边集，W 为边权值)中，D 为图 G 的邻接矩阵，求源点 P_0 到其余所有节点 P_i 的最短路径长度[8]。

(1)将 V 分为未标记节点子集 N、临时最短路径节点子集 T 和最短路径节点子集 S，每个节点上的路径权值为 D_i，初始化：$S=P_0$，$T=\varnothing$，$N=V-C$，$D_0=0$，$D_i=\infty$。

(2)将新加入 S 集合的节点 P_s 作为扩展源，计算从扩展源到相邻节点的路径值。若该值比原值小，则替换原值，否则保持原值不变，将相邻节点中未标记的节点归为临时标记节点，即 $T=T\cup P_i$，$N=N-P_i$。

(3)在 T 中选择具有最小路径值 D_s 的节点 P_s，归入集合 S 中，即 $S=S\cup P_s$，$T=T-P_s$。

(4)迭代判断。若 $T=\varnothing$，则算法结束，否则转步骤(2)。

该算法总共需要迭代 $n-1$ 次，每次迭代都新加一个节点到临时节点集合中，由于第 i 次迭代时不在临时节点集合中的节点数为 $n-i$，第 i 次迭代需对 $n-i$ 个节点进行处理。

5.2　土石堤坝渗漏的三维波场成像反演模型

反演是利用地球表面观测到的物理现象推测地球内部物性结构的过程。反演算法即求解待测参数的方法，包括大型线性方程组的求解、非线性问题的线性化、最优化目标函数的建立和方法的选取等问题的研究。最小平方 QR（least square QR，LSQR）分解法是利用 Lanczos 方法求解最小二乘问题的一种投影法，能够对数据误差传递进行压制，求真实解的收敛速率较快[9]。土石堤坝渗漏区与完整区结构上的不同导致波速在坝体内部传播出现差异，是土石堤坝波速反演成像识别渗漏通道的客观条件。

5.2.1　拉东变换

层析成像技术的数学基础是拉东变换及其逆变换。拉东变换是一种泛函算子，当其作用于一个函数时，将产生另外一个实数。拉东变换原理示意图如图 5.1 所示。从物体内部图像重建的角度看，一张物体切片图像是两个空间变量 x、y 的图像函数 $f(x, y)$。从不同角度观测目标体，观测到的波场信息应是入射方位角 θ 和观测点位置 r 两个变量的函数 $p(r, \theta)$，称其为投影函数，若 L 为平面上的任意直线，则 $f(x, y)$ 沿直线 L 的线积分为

$$p = \int_L f(x, y)\mathrm{d}l \tag{5.1}$$

式中，$\mathrm{d}l$ 为直线 L 的线元素增量。

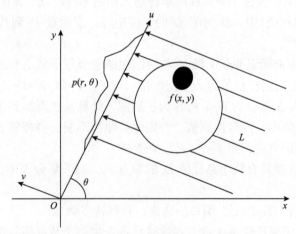

图 5.1　拉东变换原理示意图

对于直线 L，其方程表示为

$$\begin{cases} x = r\cos\theta - s\sin\theta \\ y = r\sin\theta + s\cos\theta \end{cases} \tag{5.2}$$

式 (5.1) 的线积分可以写成关于 r 和 θ 的函数 $p(r,\theta)$，即为 $f(x,y)$ 的拉东变换，记作 $\Re f(r,\theta)$。

$$\Re f(r,\theta) = p(r,\theta) = \int_{-\infty}^{\infty} f(r\cos\theta - s\sin\theta, r\sin\theta + s\cos\theta)\mathrm{d}s \tag{5.3}$$

根据傅里叶变换方法，以 $\tilde{F}(u,v)$ 表示函数 $f(x,y)$ 的傅里叶变换，因此代表截面函数的二维傅里叶变换为

$$\tilde{F}(u,v) = \int_{-\infty}^{\infty}\int_{-\infty}^{\infty} f(x,y)\mathrm{e}^{-2\pi(ux+vy)\mathrm{i}}\mathrm{d}x\mathrm{d}y \tag{5.4}$$

定义 θ 下一条投影 $p(r,\theta)$ 的一维傅里叶变换为 $\tilde{P}_\theta(\omega)$，则

$$\tilde{P}_\theta(\omega) = \int_{-\infty}^{\infty} p_\theta(t)\mathrm{e}^{-2\pi\omega\mathrm{i}}\mathrm{d}r \tag{5.5}$$

通过变量代换，得到

$$\tilde{P}_\theta(\omega) = \tilde{F}(u,v) \tag{5.6}$$

即函数 $f(x,y)$ 沿某一方向的投影 $p(r,\theta)$ 的一维傅里叶变换 $\tilde{P}_\theta(\omega)$ 等于函数 $f(x,y)$ 的二维傅里叶变换 $\tilde{F}(u,v)$，这是转换法的基本定理——投影断面定理。

上述结果说明，一个函数 $f(x,y)$ 在 $\theta_1, \theta_2, \cdots, \theta_k$ 角度下投影的傅里叶变换，可先得到极坐标下函数的二维傅里叶变换 $\tilde{F}(\omega,\theta)$，由 $\tilde{F}(\omega,\theta)$ 通过坐标变换得到 $\tilde{F}(u,v)$，再经过傅里叶逆变换得到 $f(x,y)$，即

$$f(x,y) = \int_{-\infty}^{\infty}\int_{-\infty}^{\infty} \tilde{F}(u,v)\mathrm{e}^{2\pi(ux+vy)\mathrm{i}}\mathrm{d}u\mathrm{d}v \tag{5.7}$$

5.2.2　波速成像基本方程

波动传播的基本方程为

$$\nabla^2 u(r,\omega) - \frac{1}{v^2(r)}\frac{\partial^2 u(r,\omega)}{\partial^2 t} = 0 \tag{5.8}$$

式中，t 为时间。若 $v(r)$ 为常数，则 $u = A\mathrm{e}^{r\omega}$ 是式 (5.8) 的一个解；若 $v(r)$ 是一个随空间变化的连续函数，则可近似认为不同频率 ω 的谐波虽有不同的振幅 $A(r)$，但有与振幅无关的相位，此时方程 (5.8) 有如下形式的近似解：

$$u(r,\omega) \approx \omega^\beta e^{i\omega} \sum_{j=0}^{\infty} \frac{A_j(r)}{(i\omega)^j} \tag{5.9}$$

式中，β 为待定常数。

将式(5.9)代入式(5.8)，可以得到

$$\sum_{j=0}^{\infty} \left[\frac{A_j}{(i\omega)^{j-2}} \left(\nabla^2(t) - \frac{1}{v^2(r)} \right) + \frac{\nabla^2 t A_j}{(i\omega)^{j-1}} + \frac{\nabla^2 A_j}{(i\omega)^j} \right] = 0 \tag{5.10}$$

令式(5.10)中 $\omega \to 0$（高频近似），可以得到

$$\nabla^2(t) = \frac{1}{v^2(r)} \tag{5.11}$$

式(5.11)称为程函方程，描述了波前面与速度分布的空间关系，反映走时 T 与速度分布 $v(x, y)$ 的数量关系。波的走时 T 可表示成慢度 $S(x, y)$（速度的倒数）沿线路的积分，即

$$T = \int_{\text{ray}} \frac{1}{v(x, y)} \mathrm{d}r = \int_{\text{ray}} S(x, y) \mathrm{d}r \tag{5.12}$$

从而波速成像的概念可以表示为

$$T = \int_{\text{ray}} S(x, y) \mathrm{d}r \to S(x, y) \to v(x, y) \tag{5.13}$$

式中，T 为指定路径 ray 上波初至旅行的时间；$S(x, y)$ 为波的慢度；$v(x, y)$ 为待测物体的波速分布。

解决波速成像问题就是要求解式(5.13)，即由实测走时 T 演算慢度 $S(x, y)$，进而得到速度分布 $v(x, y)$。可见解决波速成像问题分为两个步骤：确定积分路径 ray 和求解待测参数 $v(x, y)$，也就是正演计算和反演计算两个问题。

5.2.3　模型参数化

模型参数化的方式在正演模拟和层析成像反演中都是非常重要的，甚至可以说层析成像反演结果的优劣很大程度上取决于模型参数化的方式。通常来说，模型参数化的方式主要有三种：均匀速度模型（也称块体模型或宏观模型）、拟合函数模型和像素模型。其中均匀速度模型太粗糙，很难达到对地下介质准确表述的目的；拟合函数模型在对介质描述的精度和反演的难度等方面均处于折中位置；像素模型的参数化方式最精确，但模型参数化方式过细对正演模拟和层析反演都增加了难度。

这里采用像素模型参数化方式，如图 5.2 所示，将待测剖面离散为二维均一矩形网格，均一是指每个矩形网格都有相同的大小。之所以选用矩形网格，是因为矩形网格的网格边界具有与坐标轴平行的优点，便于网格间的相互索引。给定某区域的起始坐标、横向网格间距和垂直网格间距、横向网格数目和垂向网格数目，则根据区域内任意一点的坐标，就可以计算出该点位于哪一网格内。

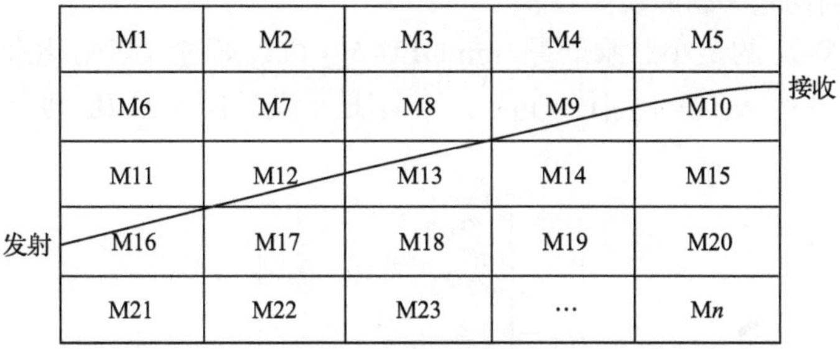

图 5.2 模型离散化

当成像单元足够小时，可认为每个单元的 $S(x,y)$ 为定值 S_i，将成像区域和式 (5.12) 离散化，写成级数形式，即

$$t_j = \sum_{i=1}^{N} a_{ji} S_i \tag{5.14}$$

式中，t_j 为第 j 条射线的走时；N 为离散单元个数；a_{ji} 为第 j 条射线在第 i 个单元内的长度；S_i 为第 i 个单元内的平均慢度。

由式 (5.14) 组成的线性方程组可表示为

$$\begin{cases} t_1 = a_{11}S_1 + a_{12}S_2 + \cdots + a_{1n}S_n \\ t_2 = a_{21}S_1 + a_{22}S_2 + \cdots + a_{2n}S_n \\ \qquad\qquad\vdots \\ t_m = a_{m1}S_1 + a_{m2}S_2 + \cdots + a_{mn}S_n \end{cases} \tag{5.15}$$

将式 (5.15) 写成矩阵形式，即

$$AS = T \tag{5.16}$$

式中，A 为 $m \times n$ 矩阵，称为雅可比矩阵，其元素 a_{ji} $(i=1,2,\cdots,m; j=1,2,\cdots,n)$ 为第 i 个单元内的平均慢度 S_i（模型参数）对第 j 个走时 t_j（观测值）的贡献量，当最短射线路径确定后，a_{ji} 即为第 j 条射线在第 i 个单元内的长度，n 为速度网格单元个数；S 为平均慢度组成的矩阵；T 为各射线走时观测值向量，$T=[t_1 \quad t_2 \quad \cdots \quad t_m]$，$m$ 为射线根数。

5.2.4　最小二乘正交分解法

迭代法简单地说就是假设一个函数，将此函数不断反复修正，使修正结果能够收敛到真实想求得的函数，而修正的依据是假设函数相对应的投影与实际测量的投影的差值达到最小，并且在积分路径上迭代法容许为曲线，因此原始的积分则变成沿方向向量 r 的曲线路径积分。

方程 $AX=b$ 的最小二乘问题 $\min\|AX-b\|_2$ 可以通过双对角化来求解。假设 $U_k=[u_1\ \ u_2\ \ \cdots\ \ u_k]$ 和 $V_k=[v_1\ \ v_2\ \ \cdots\ \ v_k]$ 是正交矩阵，且 B_k 为 $(k+1)\times k$ 下双角阵。

$$B_k = \begin{bmatrix} \alpha_1 & \cdots & \cdots \\ \beta_2\alpha_2 & \cdots & \cdots \\ \vdots & \vdots & \vdots \\ \cdots & \cdots & \alpha_k \\ \cdots & \cdots & \beta_{k+1} \end{bmatrix} \tag{5.17}$$

用下列迭代方法可以实现矩阵 A 的双对角分解：

$$\begin{cases} \beta_1 u_1 = b \\ \alpha_1 v_1 = A^{\mathrm{T}} u_1 \\ \beta_{i+1} = A^{\mathrm{T}} v_i - \alpha_i v_i \\ \alpha_{i+1} v_{i+1} = A^{\mathrm{T}} \beta_{i+1} v_{i+1} \end{cases}, \quad i=1,2,\cdots,k \tag{5.18}$$

式中，$\alpha_i \geqslant 0$，$\beta_i \geqslant 0$。

令 $\|u_i\|=\|v_i\|=1$，式 (5.18) 可以写成

$$\begin{cases} U_{k+1}(\beta_1 e_1) = b \\ AV_k = U_{k+1}B_k \\ A^{\mathrm{T}}U_{k+1} = V_k B_k^{\mathrm{T}} + \alpha_{k+1}v_{k+1}e_{k+1}^{\mathrm{T}} \end{cases} \tag{5.19}$$

式中，e_{k+1} 为 n 阶单位矩阵的第 $k+1$ 行。

$$x_k = V_k y_k, \quad r_k = b - Ax_k, \quad t_{k+1} = \beta_1 e_1 - B_k y_k \tag{5.20}$$

可以确定

$$r_k = b - Ax_k = U_{k+1}(\beta_1 e_1) - AV_k y_k = U_{k+1}(\beta_1 e_1) - U_{k+1}B_k y_k = U_{k+1}t_{k+1} \tag{5.21}$$

在满足给定精度时停止迭代。由于希望 $\|r_k\|$ 尽量小，且 U_{k+1} 理论上是正交阵，取 y_k 使 $\|t_{k+1}\|$ 最小。解最小二乘问题 $\min\|\beta_1 e_1 - B_k y_k\|$，这就构成 LSQR 分解法的基础。LSQR 分解法的主要步骤包括初始化、双对角化矩阵、修改参数和迭代

求解。

(1) 初始化。

$$
\begin{cases}
\beta_1 \boldsymbol{u}_1 = \boldsymbol{b}_1 \\
\alpha_1 \boldsymbol{v}_1 = \boldsymbol{A}^{\mathrm{T}} \boldsymbol{u}_1 \\
\boldsymbol{w}_1 = \boldsymbol{v}_1 \\
\boldsymbol{x}_0 = 0 \\
\overline{\varphi}_1 = \beta_1 \\
\overline{\rho}_1 = \alpha_1
\end{cases}
\tag{5.22}
$$

式中，$\boldsymbol{b}_1$、$\boldsymbol{u}_1$ 为 m 维向量；$\boldsymbol{w}_1$、$\boldsymbol{x}_0$ 为 n 维向量；$\overline{\varphi}_1$、$\overline{\rho}_1$、α_1、β_1 为实数。

(2) 双对角化矩阵。

$$
\begin{cases}
\beta_{i+1} \boldsymbol{u}_{i+1} = \boldsymbol{A} \boldsymbol{u}_i - \alpha_i \boldsymbol{u}_i \\
\alpha_{i+1} \boldsymbol{v}_{i+1} = \boldsymbol{A}^{\mathrm{T}} \boldsymbol{u}_{i+1} - \beta_{i+1} \boldsymbol{v}
\end{cases}
\tag{5.23}
$$

(3) 修改参数。

$$
\begin{cases}
\rho_i = (\overline{\rho}_i + \beta_{i+1}^2)^{1/2} \\
c_i = \dfrac{\overline{\rho}_1}{\rho_i} \\
s_i = \dfrac{\beta_{i+1}}{\rho_i} \\
\theta_{i+1} = s_i \alpha_{i+1} \\
\overline{\rho}_1 = -c_i \alpha_{i+1} \\
\varphi_1 = c_i \overline{\varphi} \\
\overline{\varphi}_{i+1} = s_i \overline{\varphi}_{i+1}
\end{cases}
\tag{5.24}
$$

(4) 迭代求解。当迭代次数增加时，所求得的解没有明显变化即可停止迭代。

5.3　土石堤坝渗漏的三维波场成像实现方法

随着计算机技术和成像理论的发展，层析成像技术的应用迅速拓展到科学、工程等诸多领域，并在地球物理学、地质勘探和土木工程无损检测中日益发挥重要作用。土石堤坝渗漏的波场成像主要通过波速成像来实现，主要过程由四部分组成，包括数据采集、数据分析、结果后处理、生成图像。据此开发了波速成像软件系统，该软件系统具有友好的用户界面，具备数据预处理功能、正反演计算功能、图形图像输出功能，系统模块相对完整、独立，系统结构便于扩充。

5.3.1 软件系统

波速成像软件系统 VCTS 是在 Windows 操作系统下，利用不同开发工具的特长，采用 Visual Basic 6.0、Fortran 语言联合编程，借助软件工程的设计原则和面向对象的程序设计方法开发的。波速成像软件系统主体结构设计如图 5.3 所示。

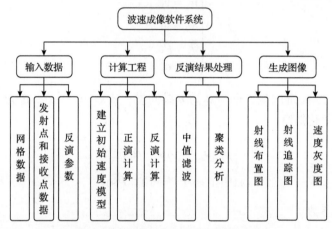

图 5.3 波速成像软件系统主体结构设计

软件使用步骤：①输入网格数据；②输入发射点和接收点数据；③输入反演参数；④建立初始速度模型；⑤反演计算；⑥反演结果后处理；⑦生成图像。

5.3.2 建立速度网格和射线网格

为实现计算，本节将待测体离散化为 N 个二维矩形节点网格作为速度网格，并假设网格单元内速度均匀分布。

将速度网格各边内插若干节点并与原节点网格共同形成射线网格结构，如图 5.4 所示。本节用到的射线网格模型在将 Moser 使用的网络模型的基础上每单元增加了 4 个角点，即每条边增加 2 个节点，这在一定程度上提高了射线精度。

根据惠更斯原理，每个射线节点既作为接收点又作为新的震源向周围节点传播能量，波在各节点之间的旅行时间为

$$t_{ij} = \begin{cases} d_{ij}S_{ij}, & i\,节点与\,j\,节点相邻 \\ \infty, & i\,节点与\,j\,节点不相邻 \end{cases} \tag{5.25}$$

式中，t_{ij} 为节点间旅行时间；d_{ij} 为节点间距；S_{ij} 为两节点公共单元的慢度值。

5.3.3 设定初始速度

初始速度模型对走时层析成像的质量和收敛速度影响很大，节点初始速度的

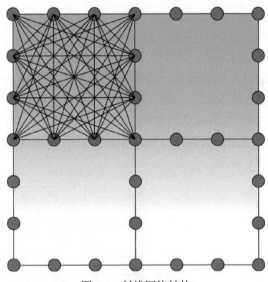

图 5.4　射线网格结构

定义可以采取以下三种方法：

(1)直接调用已有的速度文件。

(2)根据已掌握的被测体的背景速度、异常区域位置及异常区域速度大小等情况自定义节点速度值。

(3)根据实测走时自动生成节点速度。

第三种方法利用从地震记录上拾取的初至时刻来自动求取初始速度模型，无须人工干预，可以避免人工给出的初始速度模型的不确定性，该方法比假设初始速度值为均值的方法具有一定的优越性。本书采用这种方法，下面介绍其原理及实现方法。

设模型为均质，则射线传播路径为直线，由第 j 条射线的长度 D_j 与这条射线对应的观测值 T_j^0 的比值得到射线上的平均速度，令通过某网格单元的所有射线的速度均值为该单元的初始速度。建立初始速度模型的具体过程如下：

(1)在地震记录上拾取直达波初至时刻 t，并将其作为输入。

(2)计算从激发点到接收点间的直射线长度 d。

(3)根据公式 $v=d/t$ 计算某条射线通过网格的速度，同一条射线经过不同网格的速度是一样的，且每个网格内部速度是常速。

(4)重复步骤(2)和(3)，直至所有射线计算完毕。

(5)统计通过每个网格的射线数。

(6)将同一网格不同射线通过的所有速度求平均，即得到初始速度模型，由此获得的速度能够作为层析反演的初始速度。

5.3.4 正反演计算

正演计算过程采用 Fortran 语言编写，生成 Forward.exe 可执行文件，然后由 Visual Basic 通过 SHELL 函数调用，程序界面及图形采用 Visual Basic 语言编写。正演计算流程如图 5.5 所示。

反演计算过程采用 Fortran 语言编写，生成 Inversion.exe 可执行文件，然后由 Visual Basic 通过 SHELL 函数调用，程序界面及图形采用 Visual Basic 语言编写。反演计算流程如图 5.6 所示。

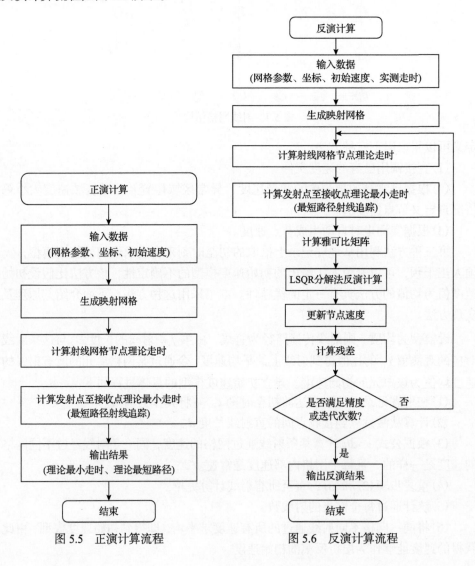

图 5.5 正演计算流程   图 5.6 反演计算流程

5.3.5　结果后处理

反演问题本身的不适定性、检测系统或待测体内部缺陷造成的射线分布不均匀、检测数据和计算舍入等带来的误差、反演结果中包含的多种噪声都会使反演成像结果中存在伪像。依据产生伪像的两类原因，把伪像分为噪声伪像和缺陷伪像。噪声伪像是由测试数据中含有的随机噪声、计算误差产生的，分布无规律；缺陷伪像是由对象内部缺陷造成的射线分布不均匀产生的，分布有规律，如低速区域周围存在高速伪像，高速区域周围存在低速伪像。对这两种不同来源的伪像要区别对待。噪声伪像是反演问题的固有特点，只能通过提高检测数据的测试精度、采用良好的检测系统和稳定的反演方法等手段，尽量减少而不是消除噪声伪像；缺陷伪像是射线层析成像的固有特点，高速区域将射线吸引过来，在其周围造成射线稀疏甚至空白区域，虽然这些区域的波速并不一定真正低，但其效果与低速区域排斥射线相同，故高速区域周围会有低速伪像，类推可知，低速区域周围会存在高速伪像。辨别缺陷伪像对反演图像的解释和缺陷判断至关重要，应防止将缺陷伪像误判为缺陷。

为减弱噪声去除伪像，需要采用适当的后处理方法以提高层析成像结果的分辨率、可读性和可靠性，这里采用的后处理方法有中值滤波和聚类分析。

1. 中值滤波

中值滤波是信号处理中常用的去噪方法，其具体方法如下：

(1)对于位于四个顶角位置的像元，分别找出与之相邻的三个像元，将弹性波通过这四个像元时的速度去掉一个极大值和一个极小值，剩下的两个值取平均值，并用这个平均值取代该顶角位置像元的原值。

(2)对于周边位置的其他像元，分别找出与之相邻的五个像元，将弹性波通过这六个像元时的速度去掉两个极大值和两个极小值，剩下的两个值取平均值，并用这个平均值取代该周边位置像元的原值。

(3)对于周边位置以内的其他像元，分别找出与之相邻的八个像元，将弹性波通过这九个像元时的速度去掉四个极大值和四个极小值，用剩下的那个值取代该位置像元的原值。

针对反演离散区域内所有像元的中值滤波，称为全体中值滤波。只针对周边位置的像元的中值滤波，称为周边中值滤波。

2. 聚类分析

聚类分析是数理统计中研究物以类聚的一种方法。在层析成像中，应用聚类分析的具体方法如下：

(1)将每个像元各自看成一类，给定一个阈值(此阈值用来判断样品指标的距离)。

(2)从第一个像元开始，将每个像元的反演参数值(波速)和与这个像元相邻的各个像元(对于处于四个顶角位置的像元有 3 个相邻像元，对于处于除顶角外的周边位置的像元有 5 个相邻像元，对于其他处于中部位置的像元有 8 个相邻像元)的反演参数值进行比较，如果某一相邻像元的反演参数值与该像元反演参数值之差小于设定阈值，则将该相邻像元与这个像元合并为一类。

(3)用属于同一类的像元的反演参数值的平均值取代该类所有像元的原值。

聚类分析通过把反演参数值相类似的像元聚成同一类，减少层析成像的伪像，提高图像的可读性。

5.4　土石堤坝渗漏的三维波场成像数值模拟研究

本节设计三个带有异常速度区域的数值模型，通过正反演程序进行计算，采用对比分析的方法，验证程序的有效性和稳定性，并讨论反演精度、反演结果后处理等情况对成像结果的影响，为土石堤坝渗漏的波场成像结果提供解释方法与依据。

5.4.1　模型设计及成像计算

模型 1 尺寸为 5m×5m，离散网格步长均为 1m，每边内插 9 个节点，发射点20 个，接收点 20 个，炮点间距 1m，发射炮点发射时对边及邻边各接收点接收。模型 1 背景速度为 4000m/s，中心位置设置低速区，速度为 3000m/s。模型 1 设计图如图 5.7 所示，模型 1 网格划分如图 5.8 所示，模型 1 射线布置如图 5.9 所示。

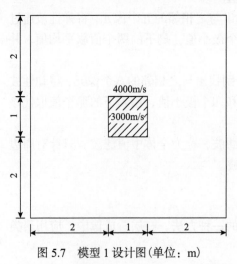

图 5.7　模型 1 设计图(单位：m)

图 5.8　模型 1 网格划分

采用自动生成方式生成初始速度，经 2 次迭代后模型 1 射线追踪图如图 5.10 所示，模型 1 波速灰度图如图 5.11 所示。

模型 2 和模型 3 宽 5m、深 6m，离散网格间距 0.5m，每边内插 9 个节点，发射点 22 个，接收点 24 个，炮点间距均为 0.5m，左侧发射时顶部接收，顶部发射时左右两侧接收。模型 2 和模型 3 网格划分如图 5.12 所示，模型 2 和模型 3 射线布置图如图 5.13 所示。模型 2 和模型 3 反演计算均采用自动生成初始速度方式，反演精度为 10^{-5}。

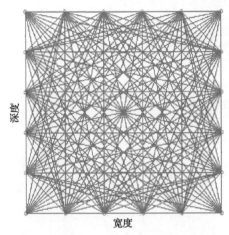

图 5.9　模型 1 射线布置

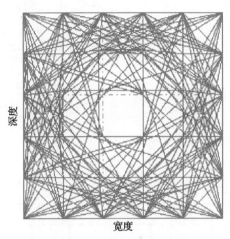

图 5.10　模型 1 射线追踪图

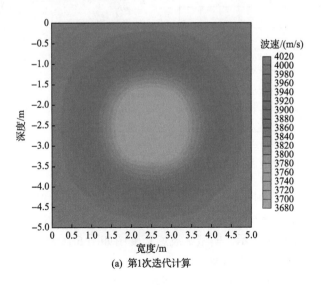

(a) 第1次迭代计算

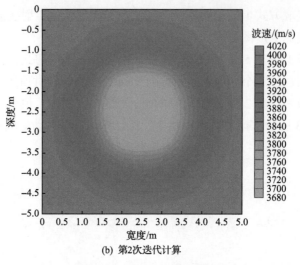

(b) 第2次迭代计算

图 5.11 模型 1 波速灰度图

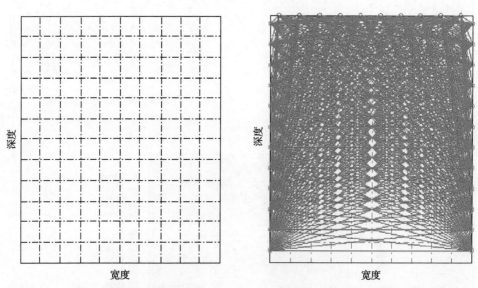

图 5.12 模型 2 和模型 3 网格划分　　　图 5.13 模型 2 和模型 3 射线布置

模型 2 设置三层不同速度带，带宽 2m，上层速度为 3000m/s，中层速度为 3500m/s，下层速度为 4000m/s。模型 2 设计图如图 5.14 所示。经 6 次迭代后模型 2 射线追踪图如图 5.15 所示。模型 2 波速灰度图如图 5.16 所示，反演结果根据后处理方式生成图中五种形式图像。

模型 3 设置四个速度异常区域，两个高速异常区域，两个低速异常区域，尺寸均为 1m×1m。背景速度为 4000m/s,高、低速异常区域速度分别为 4500m/s、3500m/s。模型 3 设计图如图 5.17 所示。经 27 次迭代后模型 3 射线追踪图如图 5.18 所示。模型 3 波速灰度图如图 5.19 所示。

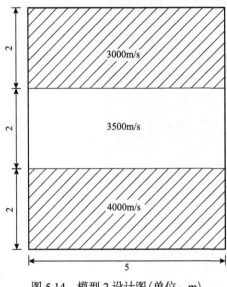

图 5.14　模型 2 设计图(单位: m)

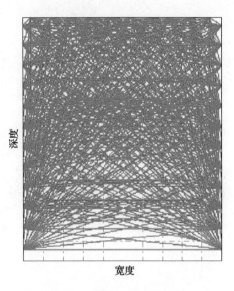

图 5.15　模型 2 射线追踪图

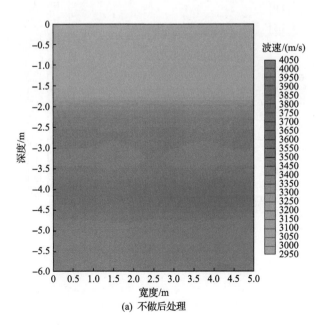

(a) 不做后处理

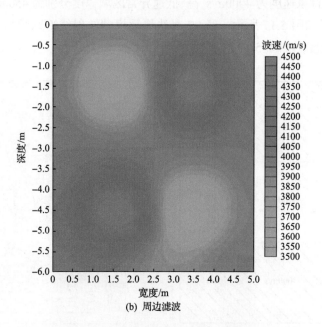

(b) 周边滤波

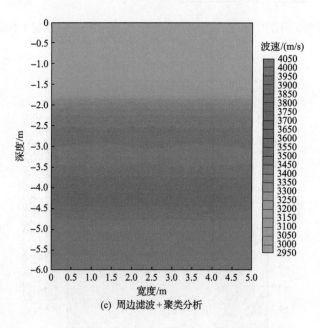

(c) 周边滤波 + 聚类分析

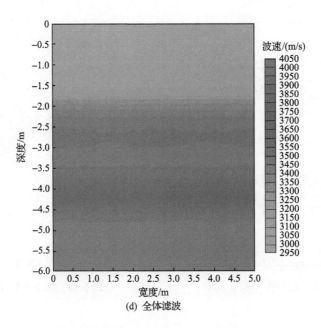

(d) 全体滤波

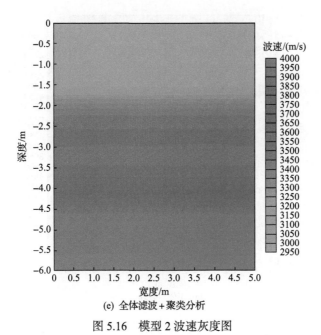

(e) 全体滤波+聚类分析

图 5.16　模型 2 波速灰度图

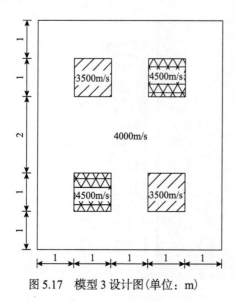

图 5.17　模型 3 设计图（单位：m）

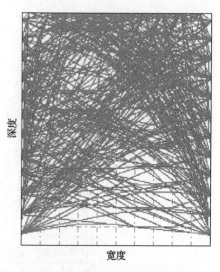

图 5.18　模型 3 射线追踪图

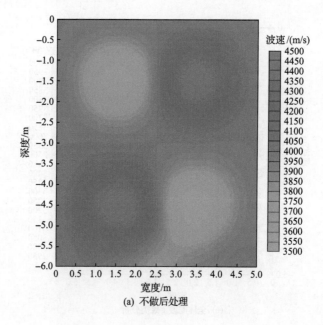

(a) 不做后处理

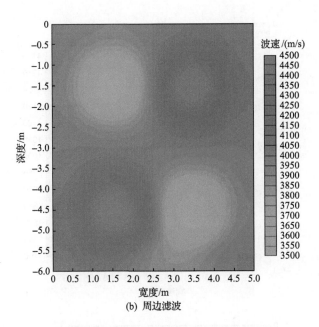

(b) 周边滤波

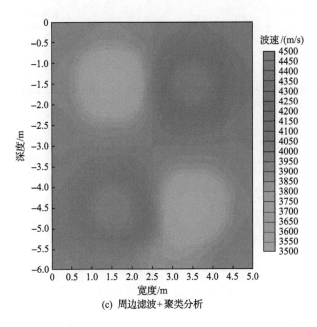

(c) 周边滤波+聚类分析

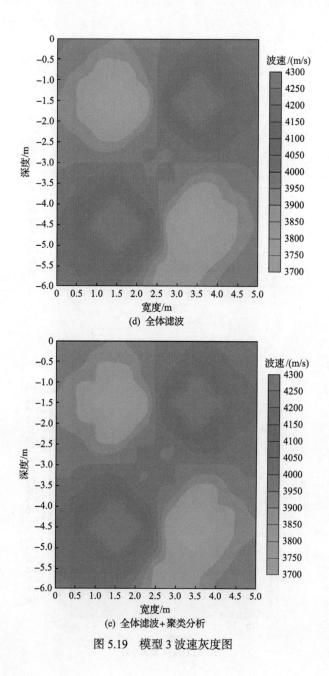

(d) 全体滤波

(e) 全体滤波+聚类分析

图 5.19 模型 3 波速灰度图

5.4.2 计算误差

为了衡量反演效果，定义第 i 个节点速度的相对误差为

$$E_i = \frac{v_i - v_i^{M}}{v_i^{M}} \qquad (5.26)$$

层析区域节点速度的平均相对误差为

$$\bar{E} = \frac{1}{N}\sum_{i=1}^{N}|E_i| = \frac{1}{N}\sum_{i=1}^{N}\frac{\left|v_i - v_i^{M}\right|}{v_i^{M}} \qquad (5.27)$$

模型节点速度真值与反演值之间的相关系数为

$$C = \frac{\displaystyle\sum_{i=1}^{N}(v_i - \bar{v})(v_i^{M} - \bar{v}^{M})}{\sqrt{\displaystyle\sum_{i=1}^{N}(v_i - \bar{v})^2}\sqrt{\displaystyle\sum_{i=1}^{N}(v_i^{M} - \bar{v}^{M})^2}} \qquad (5.28)$$

式中，v_i^{M} 为模型中所设定的节点速度；$\bar{v}^{M}$ 为模型中所设定的节点平均速度；v_i 为反演的节点速度；$\bar{v}$ 为反演的节点平均速度。

根据以上方法得到模型反演计算的误差分析结果，如表 5.1 所示。

表 5.1　误差分析结果

模型及误差类别		不做后处理	周边滤波	周边滤波+聚类分析	全体滤波	全体滤波+聚类分析
模型 1（自动初始速度、反演精度 10^{-5}）	相对误差/%	1.27	—	—	—	—
	相关系数	0.99	—	—	—	—
模型 1（自动初始速度、反演精度 10^{-4}）	相对误差/%	3.27	—	—	—	—
	相关系数	0.91	—	—	—	—
模型 2	相对误差/%	1.20	1.20	1.19	1.21	1.21
	相关系数	0.99	0.99	0.99	0.99	0.99
模型 3	相对误差/%	1.85	1.96	1.94	2.66	2.76
	相关系数	0.93	0.93	0.93	0.85	0.83

5.4.3　成像结果评价

本节在研究土石堤坝渗漏的三维波场成像实现方法的基础上，采用三个带有异常速度区域的数值模型进行了应用，下面进一步讨论反演精度、反演结果后处理等情况对成像结果的影响。

(1)如图 5.10、图 5.14 和图 5.20 所示，基于最短路径射线追踪的正演过程会使射线避开低速区而趋向于高速区，当射线分布均匀时，穿过低速区的射线数量相对较少，而穿过高速区的射线数量相对较多。

(2)如表 5.1 所示，成像结果比较贴近于所设计的数值模型，相对误差为1.19%～3.27%，相关系数为 0.83～0.99，基于最短路径射线追踪算法和最小二乘正交分解法的波速成像技术比较有效、稳定。

(3)如图 5.16(a)和图 5.19(a)所示，波速成像结果均能较好地反映出模型速度异常区域的位置，而在形状和尺寸上存在一定的差异。主要原因在于部分区域射线数量较少，同时边界处数据的覆盖程度不足以引起边界图像失真并影响反演的中间区域，使远离边界很长一段距离内的图像都发生畸变。

(4)周边中值滤波对于消除周边位置反演参数值的突变、减少周边位置的伪像有很好的成效，如图 5.16(b)和图 5.19(b)所示；全体中值滤波能明显增强反演图像的效果，如图 5.16(d)和图 5.19(d)所示。对反演的原始图像依次进行中值滤波(周边中值滤波或全体中值滤波)和聚类分析后处理，可逐步减小反演图像的误差，提高图像的分辨率、可靠性和可读性，如图 5.19(c)、(e)所示。

(5)经过中值滤波和聚类分析处理后，计算结果与模型的相对误差和相关系数比不处理时有的会变差，这是因为中值滤波和聚类分析虽然可以提高层析图像的分辨率和可读性，但会减小缺陷区域与背景区域的性质差异，特别是在网格划分较疏或者缺陷尺寸较小且与背景性质差异小的情况下，采用对所有像元的全体中值滤波处理以及在此基础上的聚类分析，容易造成图像中的缺陷范围大幅度减小，甚至消失。反之，则容易扩大缺陷范围，如图 5.19(d)、(e)所示。

5.5　本　章　小　结

本章基于拉东变换理论和最短路径原理，构建了土石堤坝渗漏的三维波场成像模型，并运用 Visual Basic 6.0 和 Fortran 语言联合编程实现了该波速成像模型的正反演算法，最后通过数值模型试验对成像理论模型进行了验证。研究结论如下：

(1)最短路径射线追踪算法在层析成像正反演计算中灵活而稳定，能模拟任意复杂介质射线，具有计算速度快、收敛稳定、分辨率高的特点。

(2)LSQR 反演算法在迭代过程中只涉及非零元素，占有用存储空间少，运算速度快，特别适用于求解系数为大型稀疏矩阵的方程组；与其他迭代方法相比，LSQR 反演算法能更有效地压制数据误差的传递，在解奇异或病态问题时具有较快的收敛性，并能获得较好的结果。

(3)数值试验表明，编制的波速成像软件系统 VCTS 功能齐全，操作方便，完全能满足不均匀介质的波速成像要求。

　　(4) 对三个带有高低速度异常区域进行数值模型试验，其结果相对误差为 1.19%～3.27%，相关系数为 0.83～0.99，结果比较贴近于原始模型。但反演结果的分辨率及准确性与射线分布、初始速度模型选择、缺陷性质、反演精度以及结果后处理方法等多方面因素都有很大关系。

参 考 文 献

[1] 王东鹤, 陈祖斌, 刘昕, 等. 地震波射线追踪方法研究综述[J]. 地球物理学进展, 2016, 31(1): 344-353.

[2] Nakanishi I, Yamaguchi K. A numerical experiment on nonlinear image reconstruction from first-arrival times for two- dimensional island arc structure[J]. Journal of Physics of the Earth, 1986, 34(2): 195-201.

[3] Moser T J. Shortest path calculation of seismic rays[J]. Geophysics, 1991, 56(1): 59-67.

[4] van Avendonk H J A, Harding A J, Orcutt J A, et al. Hybrid shortest path and ray bending method for traveltime and raypath calculations[J]. Geophysics, 2001, 66(2): 648-653.

[5] 李永博, 李庆春, 吴琼, 等. 快速行进法射线追踪提高旅行时计算精度和效率的改进措施[J]. 石油地球物理勘探, 2016, 51(3): 467-473, 414.

[6] 张婷婷, 邱达, 张东. 一种改进的三维旅行时梯度射线追踪方法[J]. 石油地球物理勘探, 2016, 51(5): 916-923, 836.

[7] 龚屹, 桂志先, 王鹏, 等. 改进的非均匀介质射线追踪算法[J]. 地球物理学进展, 2017, 32(4): 1563-1568.

[8] 邴琦, 孙章庆, 韩复兴, 等. 地震波射线追踪方法综述: 方法、分类、发展现状与趋势[J]. 地球物理学进展, 2020, 35(2): 536-547.

[9] 赵火焱, 赵明阶, 黄卫东, 等. 基于最小走时射线的 LSQR 成像反演方法研究[J]. 重庆交通大学学报(自然科学版), 2010, 29(2): 315-318, 325.

第6章 土石堤坝渗漏的三维波电场成像诊断模型试验研究

前述含渗漏隐患土石堤坝的三维波电场特征分析结果表明,土石堤坝测试断面的波场特征和电场特征与隐患具有显著的相关性,利用获得的异常波场特征和异常电场特征,能够对隐患进行初步识别和定性分析。在此基础上,提出了土石堤坝渗漏的三维波电场成像正反演模型及其实现方法,以便利用基于波电场测试的方法进行堤坝渗漏隐患的识别与定量分析。为了更好地将三维波电场成像技术应用于土石堤坝渗漏诊断分析,有必要开展土石堤坝渗漏的三维波电场成像诊断方法研究。

本章在前述研究的基础上,开展土石介质室内击实试件波电特征参数测试方法的研究,进而通过土石堤坝渗漏模型试验,研究土石堤坝渗漏的三维波速成像诊断方法和三维电阻率成像诊断方法,为进一步开发土石堤坝渗漏的波电成像联合诊断技术奠定基础。

6.1 土石试件的波电参数测试方法研究

波速是描述岩土体工程特性的一项重要指标,能够很好地反映其动力学性质,在工程建设中得到了广泛应用,因此准确测定土石复合介质的波速具有重要的工程意义。岩土体介质的电阻率特性与其结构性参数息息相关,通过测试岩土体的电阻率来反演其内部结构参数具有准确、无损、高效、经济、方便等优点。

6.1.1 土石试件波速测试方法研究

土体的波速测试方法主要分为原位测试法和室内测试法两大类。其中原位测试法包括单孔法、跨孔法、直达波法、表面波法等,如 Nazarian[1]通过分析表面波谱来确定原位剪切波波速,Bodare 等[2]采用不同的激振方式产生剪切波,并利用交叉孔法测定剪切波波速。

室内测试方法通常会受到剪切波换能器及其性能、试件尺寸及结构、测试位置等因素的影响,使得准确获得土体的剪切波波速较为困难,尚未形成明确通用的方法。Hardin 等[3]采用共振柱法测试了砂土的压缩波波速和剪切波波速;Shirley 等[4]发明了用于测定土体剪切波波速的弯曲元法;郑志华等[5]设计了与扭剪三轴仪相结合的测试装置,测试了干砂在不同固结压力下的剪切波波速。随着剪切波波速在工程中应用越来越普遍，如何提高剪切波波速测试的准确性显得尤为重要。本章提出了一种土石复合介质室内击实试件的剪切波波速测试方法[6]。

1. 击实试件的剪切波测试试验

1) 基本原理

利用直达波原理，借助检波器的记录测试出波在一定距离下的传播时间 Δt，便可计算出波在该介质中的平均波速，计算公式为

$$v = \frac{L}{\Delta t} \qquad (6.1)$$

式中，v 为测试试件的平均波速，根据检波器记录信号的不同，v 可分别表征纵波和横波；L 为测试试件的长度。

击实试件剪切波波速测试装置如图 6.1 所示。该装置主要由振动测试仪、水平检波器、夹具等构件组成。击实试件剪切波波速测试示意图如图 6.2 所示。

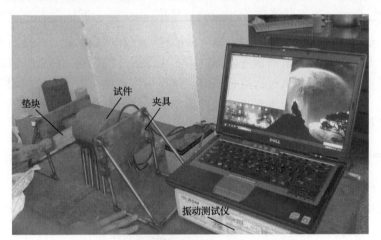

图 6.1　击实试件剪切波波速测试装置

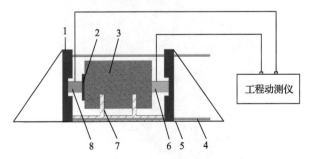

图 6.2　击实试件剪切波波速测试示意图

1.橡胶垫层；2.击振垫板；3.击实试件；4.拉杆；5.刚性支架；6.接收检波器；7.试件支架；8.触发检波器

2) 试验数据分析

制作不同干密度的标准击实试件，采用上述试验装置进行剪切波波速测试。为了较为准确地识别剪切波的初至时刻，采集信号分两次进行：第一次采用小锤沿平行于试件端面的方向敲击击振垫板，同时采集试件的振动信号；第二次采用小锤沿与第一次敲击方向相反的方向敲击击振垫板，同时采集试件的振动信号。分别读取试件触发检波器接收信号的时间 t_1 和接收检波器波速信号到达的时间 t_2，计算试件的剪切波波速。不同干密度试件的剪切波波速如表 6.1 所示。

表 6.1　不同干密度试件的剪切波波速

干密度 /(g/cm^3)	触发点接收信号 时间/ms	接收点接收信号 时间/ms	Δt /ms	剪切波波速 /(m/s)
1.927	15.19	15.50	0.31	386.13
1.989	15.13	15.42	0.29	413.10
2.041	15.13	15.40	0.27	443.70
2.101	15.08	15.34	0.26	461.92
2.144	15.08	15.32	0.24	500.42

在上述试验过程中，准确测定试件的波速还存在两个问题：一是需要控制好振源；二是波速计算方法尚未考虑标准击实土样尺寸的影响。因此，需进一步对击实试件剪切波波速测试过程进行研究。这里采用三维有限元数值模拟方法分析加载方式、模型尺寸等因素对击实试件剪切波传播特性的影响，进而形成室内击实试验剪切波波速测试和分析的修正方法。

2. 击实试件剪切波测试的数值模拟分析

1) 圆柱形击实试件剪切波传播的有限元分析模型

圆柱形击实试件剪切波传播特性三维计算模型如图 6.3 所示。模型中采用缩

图 6.3　圆柱形击实试件剪切波传播特性三维计算模型

减积分单元 C3D8R 模拟试件。为便于研究模型尺寸对击实试件剪切波传播特性的影响，先设定模型的直径远大于其长度(这里通过计算分析，取直径为长度的 37.5 倍)模拟无限土体，随后逐渐缩小直径，建立不同尺寸的模型进行计算分析。

　　设置作用在模型上的瞬时激励为一个三角形脉冲荷载，如图 6.4 所示。脉冲荷载施加在截面的中心点，为了更为准确地判别剪切波初至时刻，针对同一个模型进行两次大小相同、方向相反的加载，分别输出计算结果进行分析。模型加载示意图如图 6.5 所示。

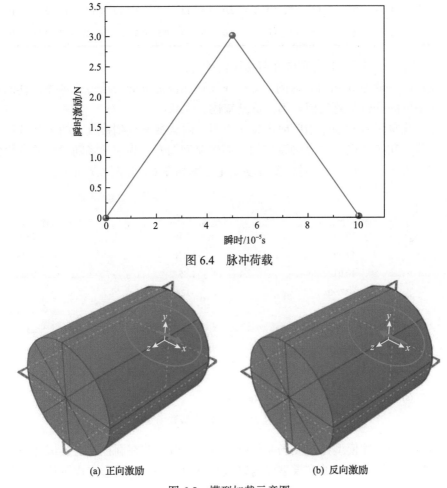

图 6.4　脉冲荷载

(a) 正向激励　　　　　　　　　(b) 反向激励

图 6.5　模型加载示意图

2)试件尺寸对剪切波传播的影响分析

　　弹性模量是线弹性材料的重要参数之一，为了分析不同弹性模量模型中剪切波传播的特点，以及弹性模量是否会对直径与剪切波波速之间的变化规律产生影响，建立四组不同弹性模量的模型，其中每种弹性模量下分别建立不同直径的模型。模型分组情况如表 6.2 所示。

表 6.2　模型分组情况

弹性模量 /MPa	激励幅值 /N	频率 /kHz	直径/m
350	3	5	4.5、3.5、3.0、2.5、2.0、1.5、1.0、0.5、0.3、0.2、0.18、0.15、0.12、0.10
700	3	6	4.5、3.5、3.0、2.5、2.0、1.5、1.0、0.5、0.3、0.2、0.18、0.15、0.12、0.10
1000	3	6	4.5、3.5、3.0、2.5、2.0、1.5、1.0、0.5、0.3、0.2、0.18、0.15、0.12、0.10
1300	3	8	4.5、3.5、3.0、2.5、2.0、1.5、1.0、0.5、0.3、0.2、0.18、0.15、0.12、0.10

（1）不同尺寸圆柱形击实试件剪切波传播特点。

以弹性模量为 350MPa 为例，分析在该弹性模量下剪切波传播规律，其他各弹性模量下的分析与此类似，不再重复叙述。

为了观察瞬时激励作用后剪切波在模型体内从激发点到接收点的传播过程，用过加载点和接收点且与 X 轴垂直的平面将模型剖开，观察波场随时间的变化情况，直径 $D=0.5\mathrm{m}$ 和 $0.2\mathrm{m}$ 时模型波场变化分别如图 6.6 和图 6.7 所示。

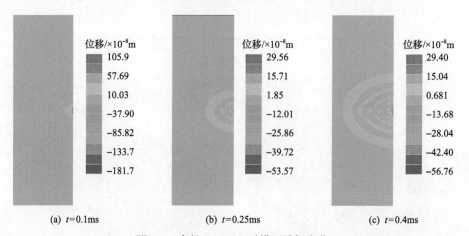

(a) $t=0.1\mathrm{ms}$　　　　　　(b) $t=0.25\mathrm{ms}$　　　　　　(c) $t=0.4\mathrm{ms}$

图 6.6　直径 $D=0.5\mathrm{m}$ 时模型波场变化

通过不同尺寸模型体内波场变化可以看出，剪切波在圆柱形击实试件中的传播具有以下特征：剪切波在模型体内以激发点为中心，呈圆形向周围传播；剪切波到达接收面后将继续沿模型表面传播；对于模型半径小于长度的模型，剪切波先于接收面到达模型表面而沿表面继续传播，当模型直径为 0.2m 时，产生的绕射对模型体内的波场无明显影响，而当直径进一步减小时，绕射对体内波场产生的影响变得更加明显。

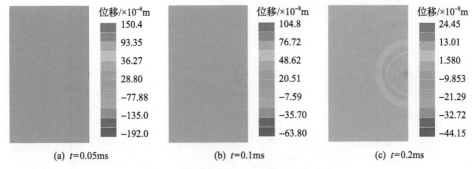

(a) t=0.05ms　　　　　(b) t=0.1ms　　　　　(c) t=0.2ms

图 6.7　直径 D=0.2m 时模型波场变化

(2)尺寸影响效应分析。

根据数值模拟的分析结果可以得到弹性模量分别为 350MPa、700MPa、1000MPa 和 1300MPa 时各模型的剪切波初至时间,并计算获得相应的剪切波波速。当弹性模量为 350MPa 时,不同直径模型的剪切波波速及其相对变化率如表 6.3 所示。

表 6.3　不同直径模型的剪切波波速及其相对变化率

直径/m	剪切波初至时间/ms	剪切波波速/(m/s)	剪切波波速相对变化率/%
4.5	0.464	259.18	—
3.5	0.462	259.74	0.22
3.0	0.453	264.90	2.21
2.5	0.464	258.62	0.22
2.0	0.464	258.62	0.22
1.5	0.454	264.32	1.98
1.0	0.453	264.90	2.21
0.5	0.435	275.86	6.44
0.30	0.429	279.72	7.92
0.20	0.415	289.16	11.57
0.18	0.396	303.03	16.92
0.15	0.359	334.26	28.97
0.12	0.327	366.97	41.59
0.10	0.304	394.74	52.30

弹性模量为 350MPa 时剪切波波速与直径的关系如 6.8 所示。可以看出,总体上,剪切波波速随着直径的增大而减小,当直径较小(0.1～0.2m)时,剪切波波速下降较快,波动较大,且几乎呈线性变化;随着直径的进一步增大,剪切波波速的变化速度开始减缓,并逐渐趋于稳定。因此,当直径较小时,尺寸对剪切波波速的影响较为明显,而当直径较大时,尺寸对剪切波波速几乎没有影响。

为了进一步分析尺寸对剪切波波速的影响规律,令直径小于 1.0m 的模型的

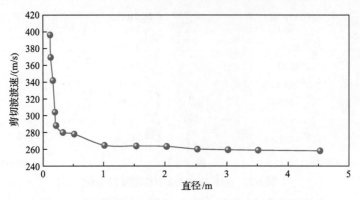

图 6.8　弹性模量为 350MPa 时剪切波波速与直径的关系

剪切波波速与直径为 1.0m 模型的剪切波波速之比为修正系数 k，弹性模量为 350MPa 时修正系数与直径的关系如图 6.9 所示。从图中可以看出，当直径为 0.2～1.0m 时，修正系数的变化很小；而当直径小于 0.2m 时，修正系数随着直径的减小几乎呈线性变化。

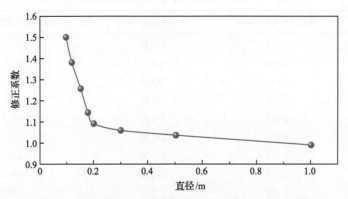

图 6.9　弹性模量为 350MPa 时修正系数与直径的关系

　　当弹性模量分别为 700MPa、1000MPa 和 1300MPa 时，剪切波波速与直径的关系如图 6.10 所示。可以看出，剪切波波速的变化规律与弹性模量为 350MPa 时一致，当直径较小时，尺寸效应尤为明显。虽然弹性模量发生了较大改变，但在直径不超过 0.2m 时，直径与剪切波波速之间均近似呈线性关系。

　　不同弹性模量时修正系数与直径的关系如图 6.11 所示。可以看出，无论弹性模量如何变化，当直径不超过 0.2m 时，修正系数随直径均近似呈线性关系。统计不同弹性模量下各模型对应的修正系数，如表 6.4 所示。

　　进一步分析弹性模量对修正系数的影响程度，修正系数的变化率如表 6.5 所示。可以看出，对于同一直径的模型，虽然弹性模量从 350MPa 增加到了 1300MPa，修正系数的变化却很小（最大变化率不超过 3%），相比弹性模量成倍地增大，修正

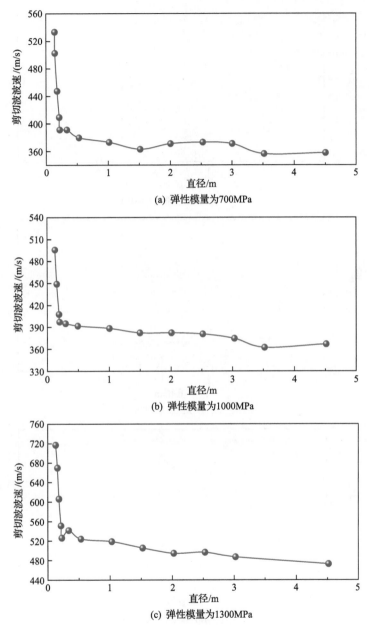

(a) 弹性模量为700MPa

(b) 弹性模量为1000MPa

(c) 弹性模量为1300MPa

图 6.10　不同弹性模量时剪切波波速与直径的关系

系数的变化量几乎可以忽略不计，说明弹性模量对修正系数的影响较小。

　　综上所述，无论材料的弹性模量如何改变，模型的尺寸对剪切波波速均有显著影响。直径 0.2m 是剪切波波速发生明显变化的转折点，若超过该直径，即使直径不断增大，剪切波波速也不会发生明显的变化，即尺寸对剪切波波速的影响很

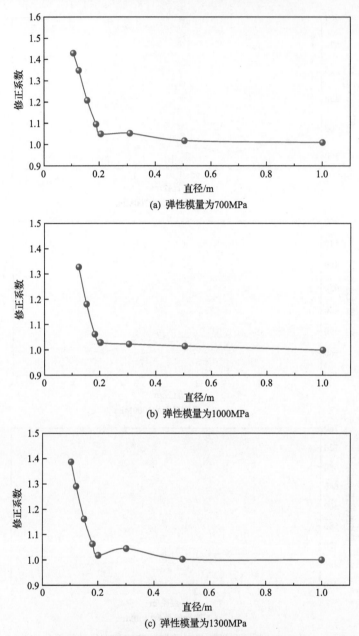

(a) 弹性模量为700MPa

(b) 弹性模量为1000MPa

(c) 弹性模量为1300MPa

图 6.11　不同弹性模量时修正系数与直径的关系

小；若小于该直径，即使直径的变化很小，剪切波波速也将明显增大，且随着直径的改变几乎呈线性变化。此外，无论弹性模量为何值，当直径不超过 0.2m 时，修正系数随直径也呈线性变化，并且对于同一直径的模型，即使弹性模量发生较大增长，修正系数的变化依然很小。

表 6.4　不同弹性模量下各模型对应的修正系数

直径/m	修正系数				平均值
	$E=350\mathrm{MPa}$	$E=700\mathrm{MPa}$	$E=1000\mathrm{MPa}$	$E=1300\mathrm{MPa}$	
0.12	1.269	1.283	1.287	1.271	1.278
0.15	1.156	1.150	1.152	1.151	1.152
0.18	1.048	1.046	1.035	1.043	1.043
0.20	1.060	1.050	1.030	1.030	1.040

表 6.5　修正系数的变化率

弹性模量 /MPa	弹性模量 变化率/%	修正系数变化率/%			
		$D=0.12\mathrm{m}$	$D=0.15\mathrm{m}$	$D=0.18\mathrm{m}$	$D=0.20\mathrm{m}$
350	0	0	0	0	0
700	100	1.10	0.52	0.19	0.94
1000	186	1.42	0.35	1.24	2.83
1300	271	0.16	0.43	0.48	2.83

3. 击实试件剪切波波速测试结果的修正及方法说明

1) 试验结果的修正

根据有限元分析结果,应采用修正系数对剪切波波速进行修正,不同直径条件下的修正系数可根据表 6.4 取平均值。由于实测试件直径为 15.2cm,其修正系数可取为 1.152。对实测剪切波波速的修正结果如表 6.6 所示。

表 6.6　对实测剪切波波速的修正结果

干密度 /(g/cm³)	实测剪切波波速 /(m/s)	修正系数	修正后的剪切波波速 /(m/s)
1.927	386.13	1.152	335.18
1.989	413.10	1.152	358.59
2.041	443.70	1.152	385.16
2.101	461.92	1.152	400.97
2.144	500.40	1.152	434.38

修正后剪切波波速与干密度的关系如图 6.12 所示。可以看出,采用修正系数对实测剪切波波速进行修正后,干密度与剪切波波速之间近似呈线性关系。

2) 测试方法说明

若采用《土工试验方法标准》(GB/T 50123—2019)[7]规定的直径 15.2cm、长

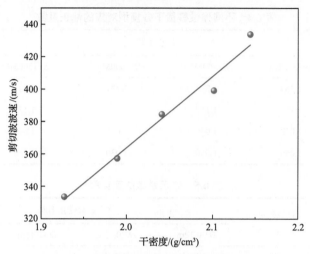

图 6.12   修正后剪切波波速与干密度的关系

12cm 的圆柱形击实试件作为剪切波波速的测试试件,则应利用修正系数对测试结果进行修正。考虑到直径 20cm、长 12cm 的圆柱形击实试件的波场受干扰较小,建议采用该尺寸的试件作为测试试件。

在实际操作过程中,难以精确控制加载频率和激励大小,虽然根据前述分析可知频率和激励大小对剪切波波速没有较大影响,但在操作时也应尽量"快速轻敲",以避免由于加载频率太低而导致信号识别困难和由于敲击过度而导致模型产生大位移或侧偏等。

6.1.2   土石试件电阻率测试方法研究

1. 击实试件的电阻率测试基本原理

岩土体的电阻率是通过测试试件在恒定电流 I 通过时的电压降 ΔU 来计算的,计算公式为

$$\rho = R\frac{S}{L} = \frac{\Delta U}{I}\frac{S}{L} \tag{6.2}$$

式中,L 为试件长度,m;S 为电极接触面积,m^2;ρ 为试件两端的电阻率,$\Omega\cdot m$。

根据电极排列的方式,岩土体电阻率测试的方法可分为二相电极法和四相电极法两种类型,分别如图 6.13 和图 6.14 所示。

二相电极法测试操作简单,主要通过直接测试试件两端的电压降来计算岩土体的电阻率。这种测试方法易受电极与试件之间接触条件的影响,通常需要在试件与电极的接触面上适当涂抹一层导电性良好的石墨粉以保证接触良好,同时还

应进行适当的接触修正。

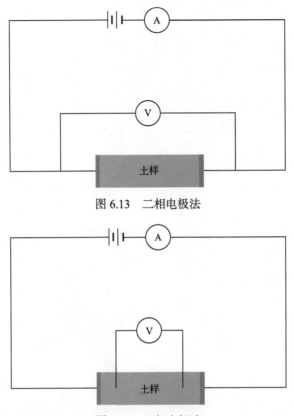

图 6.13　二相电极法

图 6.14　四相电极法

　　一般情况下，可利用常规土工试验仪器进行改装，如土体的压缩试验、三轴试验等，从而研究电阻率和岩土体物性参数的动态关系。四相电极法在应用于岩土体的常规土工试验时，测试方法相对较为复杂，通常在土工试验仪器中安放如金属环、金属探针等类型的电极时会不可避免地扰动试件，而且在压缩试验、三轴试验中难以确定试件的电极间距。因而，在同步研究岩土体电阻率随物性参数动态变化时，宜采用二相电极法测试试件的电阻率。

　　2. 电阻率测试装置

　　若按照放置试件的装置来分，现有的电阻率测试方法又可分为两类：一类是放置试件的绝缘盒模型，其中，绝缘盒可为圆柱体状，也可为长方体状，圆柱体状和长方体状的电阻率测试装置分别如图 6.15 和图 6.16 所示；另一类是为了在常规土工试验仪器中测试土体的电阻率，可在现有压缩仪或三轴仪等试验装置中安装电阻率测试设备。压缩仪和三轴仪中的电阻率测试装置分别如图 6.17 和图 6.18 所示。

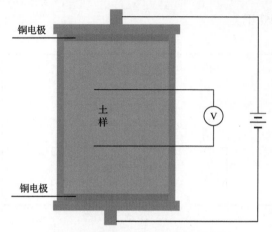

图 6.15　圆柱体状的电阻率测试装置

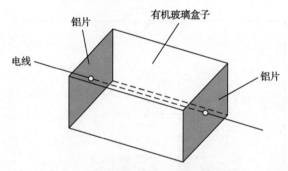

图 6.16　长方体状的电阻率测试装置

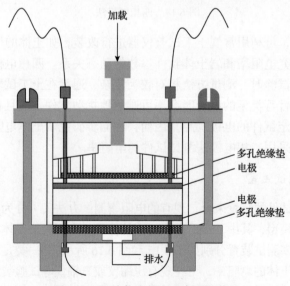

图 6.17　压缩仪中的电阻率测试装置

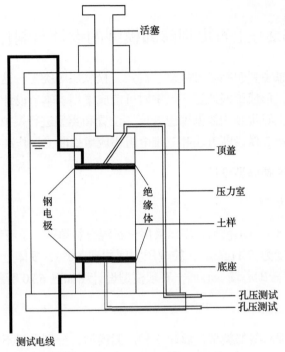

图 6.18　三轴仪中的电阻率测试装置

3. 使用的测试装置及设备

根据二相电极法测试原理，利用多功能电法仪对试件进行测试。电阻率测试系统如图 6.19 所示。

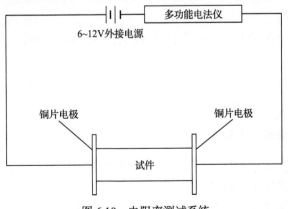

图 6.19　电阻率测试系统

6.2　土石堤坝渗漏模型的设计与制作

土石堤坝隐患主要包括各种裂缝、洞穴、松软层等类型，这些隐患的存在易使堤坝发生管涌，形成渗漏通道，严重时可造成溃坝。本节设计 5 种具有代表性的渗漏隐患，对土石堤坝中渗漏隐患规模、位置和类型进行模拟，为研究土石堤坝渗漏的三维波速成像诊断方法和三维电阻率成像诊断方法作准备。

6.2.1　土石堤坝渗漏模型设计

1. 土石堤坝模型

试验采用心墙土石坝模型，坝体采用土石混合料填筑，土石体积比约为 7:3，土石料最大干密度为 2.11g/cm^3，控制压实度达到 90%，坝体上、下游坡度均为 1:2，坝体中设置砖砌心墙。心墙土石坝模型设计图如图 6.20 所示。

2. 渗漏通道设计

针对土石堤坝渗漏的类型，设计 5 种渗漏模型，分别设置不同位置和大小的渗漏通道，如图 6.21 所示。

(1) 模型 1：设置孔径为 8cm 的坝体渗漏通道，通道位置为(250cm, 50cm)，如图 6.21(a) 所示。

(2) 模型 2：设置孔径为 5cm 的坝体渗漏通道，通道位置为(250cm, 50cm)，如图 6.21(b) 所示。

(3) 模型 3：设置孔径为 5cm 的坝体渗漏通道，通道位置为(250cm, 10cm)，如图 6.21(c) 所示。

(4) 模型 4：设置宽度为 1cm、高度为 50cm 的竖向裂缝，裂缝位于心墙中间位置，如图 6.21(d) 所示。

(5) 模型 5：设置厚度为 5cm 的坝体渗漏带通道，渗漏带通道宽度为 50cm，距坝底 50cm，如图 6.21(e) 所示。

6.2.2　土石堤坝渗漏模型制作

土石堤坝渗漏模型制作前，采用水泥砂浆对模型底板及砖砌围墙内部进行抹面处理，以防止底板和围墙漏水。黏土心墙采用 13cm 厚砖砌墙(双面抹灰)模拟。坝体采用分层碾压填筑，每层摊铺后在其表面洒水，碾压时控制土层压实度在 90%以上，并通过灌水法测试进行评价。

土石堤坝渗漏模型的制作如图 6.22 所示。土石堤坝渗漏模型中的孔洞通过埋

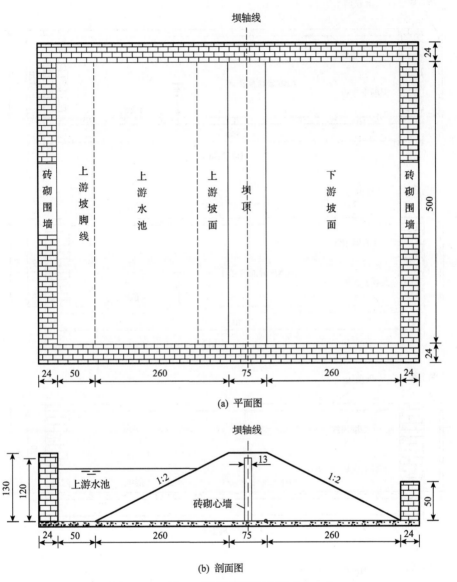

(a) 平面图

(b) 剖面图

图 6.20　心墙土石坝模型设计图(单位：cm)

设于心墙的 PVC 管模拟，为避免坝体颗粒堵塞，该 PVC 管两侧用纱布包裹；竖向裂缝通过预设在心墙相应位置的裂缝模拟，且裂缝外边缘由纱布包裹，防止坝体颗粒堵塞；坝体渗漏带通过预留于坝内不同压实度的土石带模拟。

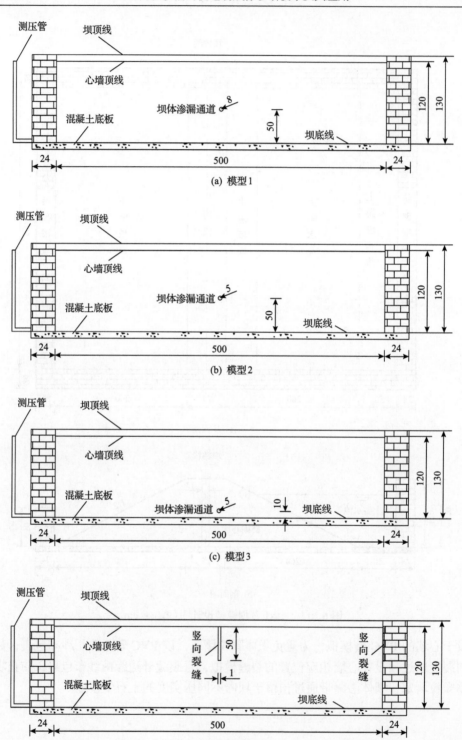

(a) 模型 1

(b) 模型 2

(c) 模型 3

(d) 模型 4

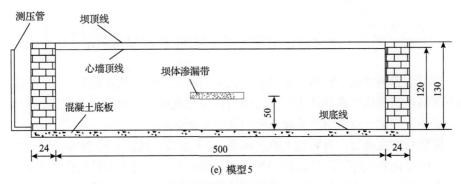

(e) 模型5

图 6.21　渗漏通道设置(单位：cm)

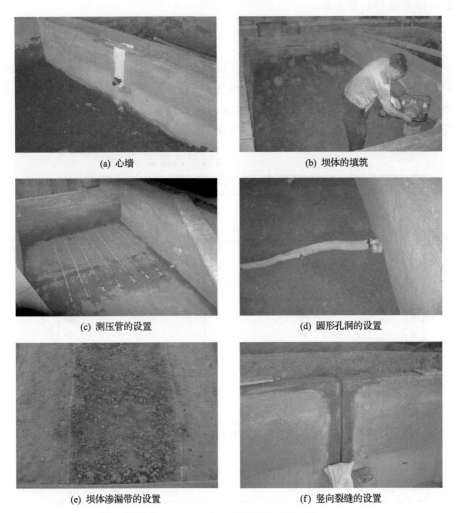

(a) 心墙 　　　　　　　　　　　 (b) 坝体的填筑

(c) 测压管的设置 　　　　　　　　 (d) 圆形孔洞的设置

(e) 坝体渗漏带的设置 　　　　　　 (f) 竖向裂缝的设置

图 6.22　土石堤坝渗漏模型的制作

6.3 土石堤坝渗漏模型的波电场测试

为减小旁侧效应，提高测量精度，试验所有测线均布置在隐患上方。测试过程中严格控制其他变量保持不变，仅研究隐患情况改变时电阻率和波速的变化规律，以便于对比分析电阻率成像结果与波速成像结果。

模型制作完成后，对堤坝上游放水至 1.2m 高度，随后每隔 2h 观察一次测压管水位的变化和坝体下游坡面的浸润范围，同时，在该过程中持续保持水位在稳定状态。当测压管水位和坝体下游坡面的浸润范围在 12h 内保持恒定不变时，即可进行模型试验数据采集。

6.3.1 测线布置

土石堤坝渗漏模型测线布置如图 6.23 所示。在坝轴线和坝体下游坡面共布置 3 条电阻率成像测线 E1、E2 和 E3，测线 E1 位于坝顶外侧与下游坡面分界线上，测线 E2 和 E3 位于坝体下游坡面；波速成像测线共布设 2 条，分别为测线 W1 和测线 W2，测线 W1 位于坝顶轴线上，测线 W2 与 E2 重合，位于坝体下游坡面。

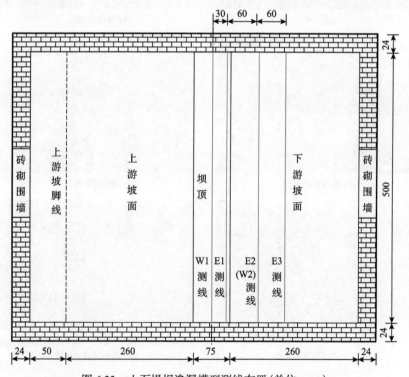

图 6.23 土石堤坝渗漏模型测线布置(单位：cm)

6.3.2　试验数据采集

1. 电阻率成像数据采集

分别对 5 个模型共 15 条测线进行成像数据采集。在土石堤坝模型上精确量取测线设计位置和高程，将皮尺固定在测线上，以 10cm 间距打入电极至坝体。待连接电极导线与测量仪后，设置测量所需参数，并对电极进行接地检测，确认与坝体接触良好后，利用多功能电法仪采集数据。

2. 波速成像数据采集

测线 W1 的测点布置如图 6.24 所示。在测线 W1 上共设置 12 个信号激发点和 26 个信号接收点，接收点位于轴线水平方向和左岸垂直方向，激发点位于左右岸垂直方向，沿平行于轴线方向水平设置的接收点间距为 25cm，垂直方向设置的接收点和激发点间距均为 20cm。同样，在测线 W2 上共设置 12 个激发点和 23 个激发点，除水平方向测点间距为 30cm 外，其余测点布置方式与测线 W1 相同。

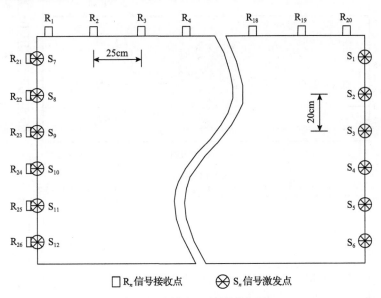

□ R_n 信号接收点　　⊗ S_n 信号激发点

图 6.24　测线 W1 的测点布置

每个激发点激发振动后，所有与激发点不重合的接收点处的传感器均采集一次数据，使波射线覆盖成像区域；信号激发和采集由振动测试仪完成；对获得的波形曲线进行滤波处理后，分别提取各波形的走时数据，并按照激发点和接收点的编号进行有序存储。

6.4　模型试验结果与分析

6.4.1　电阻率成像试验结果与分析

1. 模型 1 电阻率成像

土石堤坝渗漏模型 1 电阻率成像如图 6.25 所示。可以看出:

(1)测线 E1 位于坝顶位置,顶面相对高程为 1.3m,电阻率成像拟合方差为 4.5%。由于坝顶表面长时间暴露于空气中,土体相对干燥,含水量较低,图像上部(相对高程为 0.8～1.3m)电阻率相对较大,属于高阻异常区,其值为 60～100Ω·m;坝体中部到坝底面,电阻率分布较为规律,自中心向四周逐渐增大,中

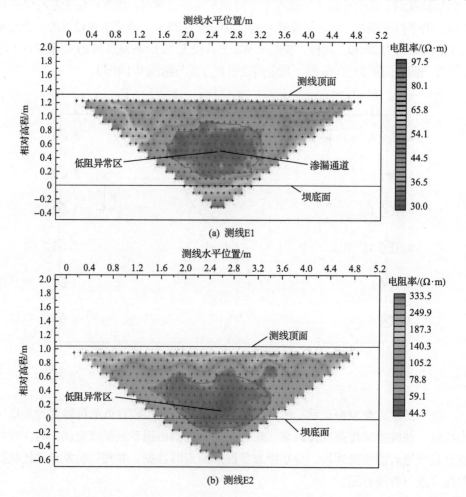

(a) 测线E1

(b) 测线E2

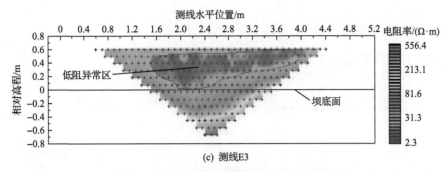

图 6.25　土石堤坝渗漏模型 1 电阻率成像

心位置相对属于低阻异常区，其值为 $10 \sim 60 \Omega \cdot m$，低阻异常区整体范围较小，面积约 $0.9 m^2$；坝底面以下，因由混凝土砌筑而成，电阻率逐渐变大，其值为 $80 \sim 120 \Omega \cdot m$。

(2)测线 E2 位于坝体下游中间部位，顶面相对高程为 1.03m，电阻率成像拟合方差为 4.8%。与测线 E1 同理，图像上部(相对高程为 $0.7 \sim 1.03m$)出现高阻异常，电阻率较大，其值为 $80 \sim 310 \Omega \cdot m$，呈带状分布；中心位于(2.5m, 0.3m)，电阻率向四周逐渐增大，呈环形规则分布，整体出现相对低阻异常，电阻率为 $20 \sim 60 \Omega \cdot m$；坝底面以下，因采用混凝土砌筑而成，相对出现高阻异常，电阻率逐渐变大，其值为 $80 \sim 150 \Omega \cdot m$。

(3)测线 E3 位于坝体下游下部，顶面相对高程为 0.685m，电阻率成像拟合方差为 4.7%。电阻率整体分布特征和测线 E1、E2 相似，但由于渗漏通道的位置相对测线 E3 较为靠上，低阻异常区在电阻率成像图中的位置相对较高(相对高程为 $0 \sim 0.6m$)。

通过观测布置在土石堤坝外的测压管，得到 3 条测线所在位置的测压管水头相对高程分别为 48cm、41cm 和 22cm，该测压管水头可表征坝体内部浸润线位置，考虑到毛细水头，实际水头要高于浸润线。坝体表面附近由于长期暴露于空气中，土石体含水量较低，总体应出现高阻异常，电阻率较大；从坝体表面到浸润线位置，随着土石体含水量逐渐增大，电阻率应逐渐减小；而在浸润线以下，土石体基本处于饱和状态，含水量达到最大，出现低阻异常，电阻率应不再变化。相应地，通过电阻率成像分布特征，可以看出 3 条测线的电阻率分布与坝体浸润线和土石体含水量分布特征基本吻合。

综上所述，3 条测线两端部由于电极与砖砌池壁接触或距离很小，均会出现相对高阻异常区；3 条测线的电阻率分布特征均能反映坝体浸润线的趋势，浸润线以下，大部分土体处于饱和状态，含水量较高，电阻率相对较小，而浸润线以上，土体处于相对干燥状态，含水量较低，电阻率相对较高；从测线 E1 到测线 E3，测试断面范围逐渐减小，渗漏范围逐渐增大，通过电阻率成像能够相对准确地反映出渗漏通道的位置和大小。

2. 模型 2 电阻率成像

土石堤坝渗漏模型 2 电阻率成像如图 6.26 所示。可以看出：

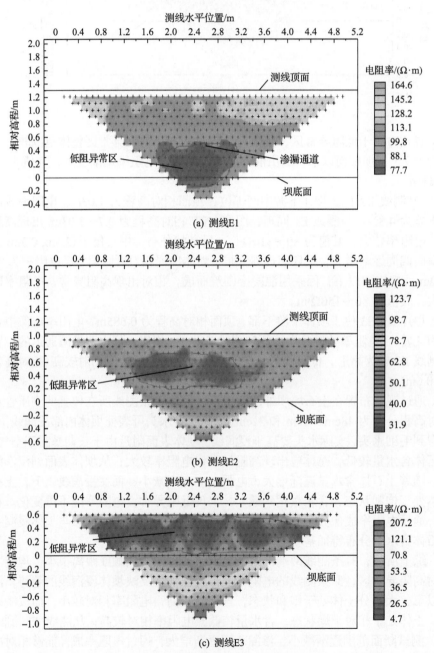

图 6.26　土石堤坝渗漏模型 2 电阻率成像

(1)测线 E1 位于坝顶位置，顶面相对高程为 1.3m，电阻率成像拟合方差为 4.5%。图像上部(相对高程为 0.7~1.3m)电阻率较大，其值为 80~200Ω·m，呈片状分布，两端出现局部高阻异常区，其值约为 300Ω·m；坝体中部从相对高程 0.7m 到坝底面，电阻率呈较规则环状分布，范围较小，面积约 0.7m²；中心位于(2.5m, 0.3m)，电阻率向四周逐渐增大，其值为 20~80Ω·m，低阻异常区位于规则环状中心；坝底面以下，电阻率又逐渐变大，其值为 80~100Ω·m。

(2)测线 E2 位于坝体下游中间部位，顶面相对高程为 1.03m，电阻率成像拟合方差为 5.2%。图像上部(相对高程为 0.7~1.03m)电阻率较大，其值为 80~120Ω·m，呈带状分布；中部从相对高程 0.7m 到坝底面，电阻率呈较宽的带状分布，范围较大，面积约 1.1m²；中心位于(2.5m, 0.3m)，电阻率从四周向中心逐渐减小，其值为 10~60Ω·m；坝底面以下，电阻率又逐渐变大，其值为 80~150Ω·m。

(3)测线 E3 位于坝体下游下部，顶面相对高程为 0.685m，电阻率成像拟合方差为 4.7%。图像上部(相对高程为 0~0.6m)电阻率较小，其值为 10~50Ω·m，呈带状分布，面积较大，约 1.5m²；下部往下到坝底面(相对高程为–0.8~0m)，电阻率从上到下逐渐变大，其值为 50~250Ω·m。

3 条测线所在位置的测压管水头相对高程分别为 46cm、36cm、19cm，渗漏通道口设置在剖面横向中央，根据渗漏理论可知浸润线应为中间高、向两端逐渐降低，呈左右对称。坝顶面上土石体含水量较小，电阻率较大；从坝顶面到浸润线处，土石体含水量逐渐变小，在浸润线附近变化最快，相应位置的电阻率也应有相同的变化趋势；浸润线以下至坝底面，土石体处于饱和状态，电阻率及其变化较小。三个剖面电阻率成像均能反映出渗漏通道的位置及渗漏范围。

3. 模型 3 电阻率成像

土石堤坝渗漏模型 3 电阻率成像如图 6.27 所示。可以看出：

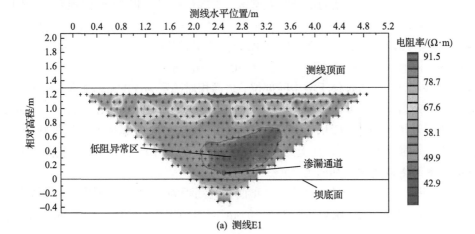

(a) 测线E1

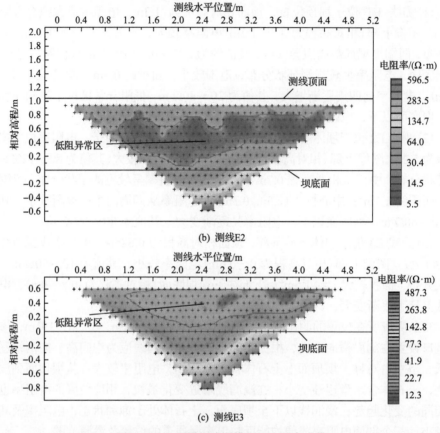

(b) 测线E2

(c) 测线E3

图 6.27 土石堤坝渗漏模型 3 电阻率成像

(1)测线 E1 位于坝顶位置，顶面相对高程为 1.3m，电阻率成像拟合方差为 4.7%。图像上部(相对高程为 0.6～1.3m)电阻率较大，其值为 60～100Ω·m，呈宽带状分布，其中存在 4 处局部低阻异常区；中部从相对高程 0.6m 到坝底面，电阻率呈较规则环状分布，范围较小，面积约 0.8m²；中心位于(2.8m,0.3m)，电阻率从四周向中心逐渐减小，其值为 10～60Ω·m，低阻异常区位于规则环状中心；坝底面以下，视电阻率又逐渐变大，其值为 80～120Ω·m。

(2)测线 E2 位于坝体下游中间部位，顶面相对高程为 1.03m，电阻率成像拟合方差为 4.6%。图像上部(相对高程为 0.7～1.03m)电阻率较大，其值为 60～120Ω·m，呈不规则带状分布；中部从相对高程 0.7m 到坝底面，电阻率呈不规则带状分布，范围较大，面积约 1.3m²，从上到下逐渐减小，其值为 10～60Ω·m；坝底面以下，视电阻率又逐渐变大，其值为 80～550Ω·m。

(3)测线 E3 位于坝体下游下部，顶面相对高程为 0.685m，电阻率成像拟合方差为 5.1%。图像上部(相对高程为 0～0.6m)电阻率较小，其值为 10～50Ω·m，呈片状分布，面积较大，约 1.5m²；下部往下到坝底面（相对高程为 0～−0.8m），电阻率从上到下逐渐变大，其值为 50～480Ω·m。

3 条测线所在位置的测压管水头相对高程分别为 43cm、36cm、18cm。坝顶面上土石体含水量较小，电阻率较大，从坝顶面到浸润线处，土石体含水量逐渐变小，在浸润线附近变化最快，相应位置的电阻率应该也有相同的变化趋势。浸润线以下至坝底面土石体处于饱和状态，相应的电阻率较小，电阻率变化亦很小。三个剖面电阻率成像都能够反映出渗漏通道的位置及渗漏范围。

4. 模型 4 电阻率成像

土石堤坝渗漏模型 4 电阻率成像如图 6.28 所示。可以看出：

（1）测线 E1 位于坝顶位置，顶面相对高程为 1.3m，电阻率成像拟合方差为 3.8%。图像上部（相对高程为 0.8～1.3m）电阻率相对较大，相对属于高阻异常区，

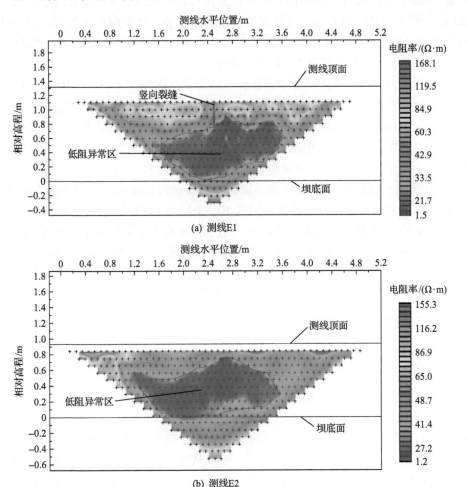

(a) 测线E1

(b) 测线E2

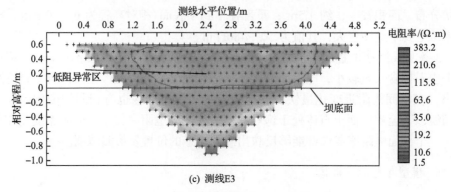

(c) 测线E3

图 6.28　土石堤坝渗漏模型 4 电阻率成像

其值为 60～140Ω·m，但同时局部也有相对低阻异常区，总体分布极不均匀；坝体中部从相对高程 0.8m 到坝底面，中央位置相对属于低阻异常，中心位于(2.5m，0.3m)，其值为 20～60Ω·m，低阻异常整体范围较小，面积约 0.8m²，电阻率呈较规则环状分布，范围相对较大，约 1.3m²，电阻率自中间向外逐渐增大；坝底面以下，电阻率逐渐变大，其值为 80～120Ω·m。

(2)测线 E2 位于坝体下游中间部位，顶面相对高程为 1.03m，电阻率成像拟合方差为 4.4%。图像上部(相对高程为 0.7～1.03m)出现高阻异常，电阻率较大，其值为 60～150Ω·m，呈带状分布；坝体中部至坝底面，电阻率呈不规则带状分布，范围较大，面积约 1.3m²，电阻率从上到下逐渐减小，其值为 20～60Ω·m；坝底面以下，相对出现高阻异常，电阻率逐渐变大，其值为 80～150Ω·m。

(3)测线 E3 位于坝体下游下部，顶面相对高程为 0.685m，电阻率成像拟合方差为 4.1%。电阻率整体分布特征和测线 E1、E2 相似，但是由于渗漏通道的位置相对测线 E3 较为靠上，低阻异常区在电阻率分布断面上的位置相对较高(相对高程为 0～0.6m)，坝底面以下电阻率从下到上逐渐减小，其值为 60～450Ω·m。

3 条测线所在位置的测压管水头相对高程分别为 89cm、58cm 和 21cm，从电阻率成像分布特征可以看出，3 条测线的电阻率分布与坝体浸润线和土石体含水量分布特征基本吻合。三个剖面电阻率成像均能反映出渗漏通道的位置及渗漏范围。

5. 模型 5 电阻率成像

土石堤坝渗漏模型 5 电阻率成像如图 6.29 所示。可以看出：

(1)测线 E1 位于坝顶位置，顶面相对高程为 1.3m，电阻率成像拟合方差为 4.4%。图像上部(相对高程为 0.7～1.3m)视电阻率较大，其值为 60～250Ω·m，呈宽带状分布，范围较大，面积约 1.2m²；中部从相对高程 0.7m 到坝底面，电阻率呈带状分布，图像左侧出现低阻异常区，范围较大，电阻率为 20～60Ω·m；坝底面以下，电阻率逐渐变大，其值为 80~140Ω·m。

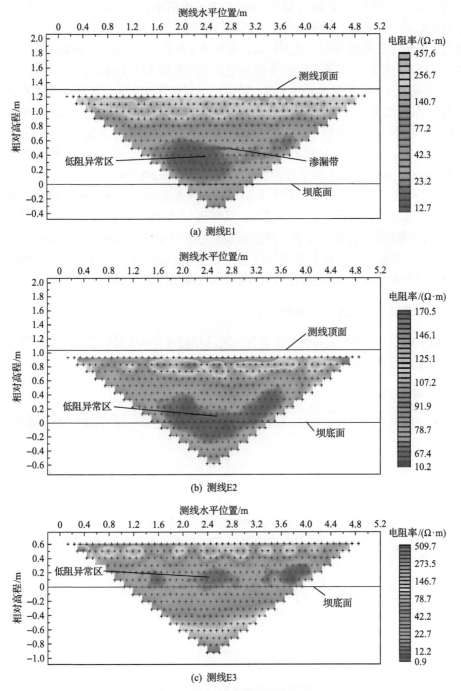

(a) 测线E1

(b) 测线E2

(c) 测线E3

图 6.29 土石堤坝渗漏模型 5 电阻率成像

（2）测线 E2 位于坝体下游中间部位，顶面相对高程为 1.03m，电阻率成像拟合方差为 4.4%。图像上部（相对高程为 0.6～1.03m）电阻率较大，其值为 60～150Ω·m，呈不规则带状分布，上部顶面存在小面积低阻异常区；中部从相对高程 0.6m 到坝底面，电阻率呈带状分布，范围较大，面积约 1.4m²，从上到下逐渐减小，其值为 20～60Ω·m；坝底面以下，电阻率逐渐变大，其值为 80～170Ω·m。

（3）测线 E3 位于坝体下游下部，顶面相对高程为 0.685m，电阻率成像拟合方差为 4.6%。图像上部（相对高程为 0.4～0.6m）电阻率较大，其值为 60～140Ω·m，呈较规则带状分布；中部（相对高程为 0～0.4m）电阻率较小，其值为 10～60Ω·m，呈片状分布，低阻异常区面积较大，约 1.5m²；下部往下到坝底面（相对高程为 -0.8～0m），电阻率从上到下逐渐变大，其值为 60～500Ω·m。

3 条测线所在位置的测压管水头相对高程分别为 48cm、42cm 和 24cm，坝顶面上土石体含水量较小，电阻率较大，从坝顶面到浸润线处，土石体含水量逐渐变小，在浸润线附近变化最快，相应位置的电阻率应该也有相同的变化趋势。浸润线以下至坝底面土石体处于饱和状态，相应的电阻率较小，电阻率变化亦很小。三个剖面电阻率成像均能够反映出渗漏带的位置及渗漏范围。

6.4.2　波速成像试验结果与分析

由于模型 1、模型 2 和模型 3 具有一定的相似性，本节针对模型 1 和模型 4 的波速成像试验结果进行详细分析。

1. 模型 1 波速成像

土石堤坝渗漏模型 1 测线 W1 波速成像如图 6.30 所示。其中，图 6.30（a）为

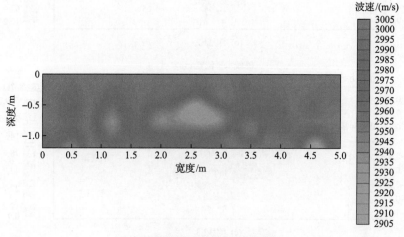

(a) 初始反演结果直接形成的波速成像

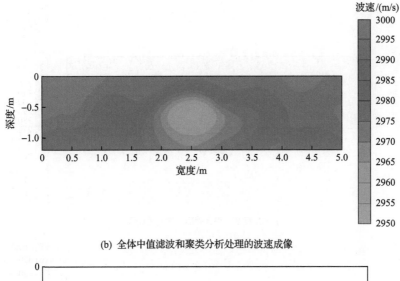

(b) 全体中值滤波和聚类分析处理的波速成像

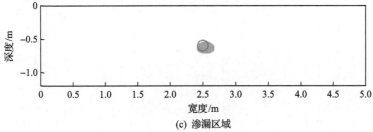

(c) 渗漏区域

图 6.30　土石堤坝渗漏模型 1 测线 W1 波速成像

土石堤坝渗漏模型 1 测线 W1(心墙)由初始反演结果直接形成的波速成像；图 6.30(b)为测线 W1 反演结果经全体中值滤波和聚类分析处理的波速成像；为突显渗漏位置，将图中速度在 2955m/s 以上的部分设置为白色，获得渗漏区域如图 6.30(c)所示，圆圈部分为模型心墙中圆形孔洞位置和大小，阴影区域为渗漏区域，对比可见成像结果能大致反映出渗漏的位置，但孔洞尺寸要比模型中的稍大。

　　土石堤坝渗漏模型 1 测线 W2 波速成像如图 6.31 所示。其中，图 6.31(a)为土石堤坝渗漏模型 1 测线 W2(下游坝体)由初始反演结果直接形成的波速成像；图 6.31(b)为测线 W2 反演结果经全体中值滤波和聚类分析处理的波速成像；为突显渗漏通道位置，将图中速度在 280m/s 以下的部分设置为白色，获得渗漏区域如图 6.31(c)所示，阴影区域为渗漏区域。成像结果显示，位于断面下部区域的波速要略大于上部区域，这是由于在渗流作用下，底部土体含水量增大，甚至趋于饱和，这些区域的波速会明显高于含水量相对较低的上部区域。

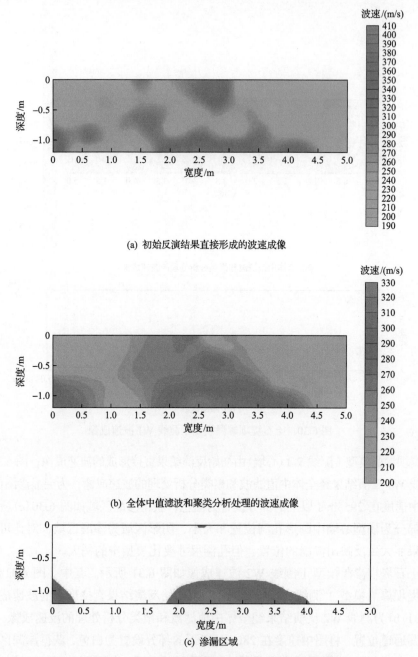

(a) 初始反演结果直接形成的波速成像

(b) 全体中值滤波和聚类分析处理的波速成像

(c) 渗漏区域

图 6.31　土石堤坝渗漏模型 1 测线 W2 波速成像

2. 模型 4 波速成像

土石堤坝渗漏模型 4 测线 W1 波速成像如图 6.32 所示。其中，图 6.32(a)为土石堤坝渗漏模型 4 测线 W1(心墙)由初始反演结果直接形成的波速成像；图 6.32(b)为测线 W1 反演结果经全体中值滤波和聚类分析处理的波速成像；为突显裂缝位置，

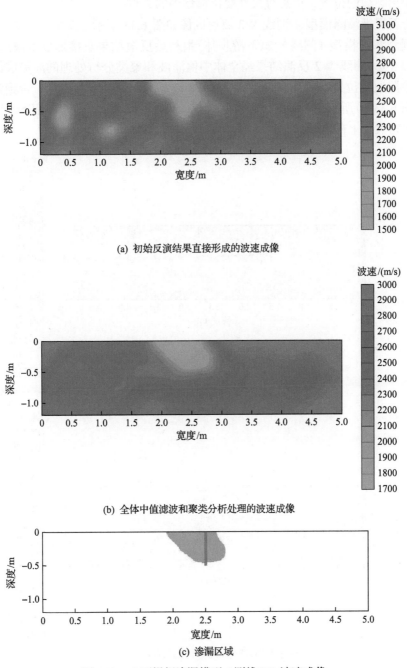

(a) 初始反演结果直接形成的波速成像

(b) 全体中值滤波和聚类分析处理的波速成像

(c) 渗漏区域

图 6.32　土石堤坝渗漏模型 4 测线 W1 波速成像

将图中速度在 2000m/s 以上的部分设置为白色，获得渗漏区域如图 6.32(c)所示，竖直线为模型中裂缝位置和尺寸，阴影区域为渗漏区域，对比可见成像结果能大致反映出裂缝的位置，但裂缝尺寸要比模型中的大很多。

　　土石堤坝渗漏模型 4 测线 W2 波速成像如图 6.33 所示。其中，图 6.33(a)为土石堤坝渗漏模型 4 测线 W2(下游坝体)由初始反演结果直接形成的波速成像；图 6.33(b)为测线 W2 反演结果经全体中值滤波和聚类分析处理的波速成像；为突显渗漏通道位置，将图中速度在 280m/s 以下的部分设置为白色，得到渗漏区域如图 6.33(c)所示，阴影区域为渗漏区域，同样可以看出，位于断面下部区域的波速要略大于上部区域。

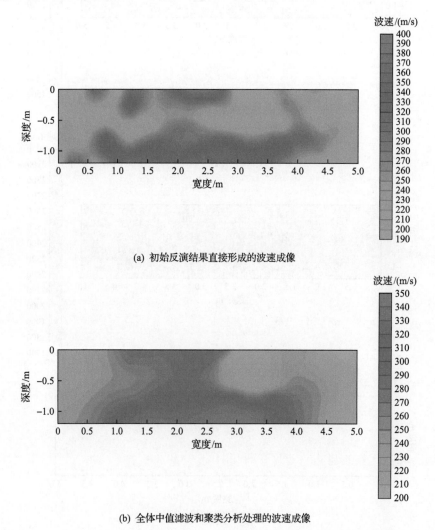

(a) 初始反演结果直接形成的波速成像

(b) 全体中值滤波和聚类分析处理的波速成像

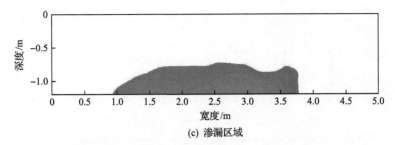

(c) 渗漏区域

图 6.33　土石堤坝渗漏模型 4 测线 W2 波速成像

　　为了评估反演效果,将反演结束时所得最小走时与实测走时进行比较,定义第 i 个走时的相对误差为

$$T_i = \frac{t_i - t_i^0}{t_i^0} \tag{6.3}$$

式中, t_i^0 为第 i 个实测走时; t_i 为反演的最小走时。

　　土石堤坝渗漏模型波速成像误差如图 6.34 所示。

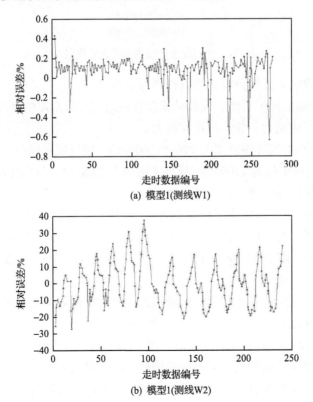

(a) 模型1(测线W1)

(b) 模型1(测线W2)

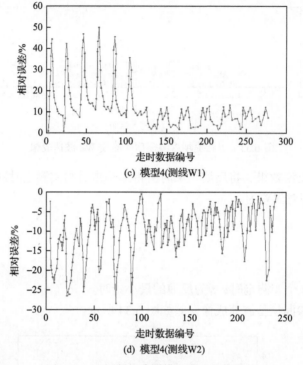

(c) 模型4(测线W1)

(d) 模型4(测线W2)

图 6.34   土石堤坝渗漏模型波速成像误差

对波速成像结果进行分析，可以得到以下结论：

(1)根据缺陷位置识别图，成像结果能较好地反映出心墙中渗漏通道的位置，但对其形状的反应能力欠佳，且尺寸偏大。

(2)波在心墙中的传播速度为 2900～3000m/s，接近实际情况，而在缺陷区域的传播速度，模型 1 约为 1700m/s，模型 4 则约为 2900m/s，与实际情况差别较大，但仍能反映出缺陷处波速相对较低的情况。

(3)波在坝体中的传播速度约为 200m/s，在渗流区域的传播速度约为 300m/s，与实际情况有所差异，但仍能反映出受渗流影响，土石介质中波速将提高的情况。

(4)反演结果走时相对误差最大超过 30%，表明利用单一的波速成像定量诊断渗漏情况仍存在很大困难。

总体来看，反演结果所体现的渗漏通道位置已能逼近真实情况，但对形状的刻画和波速的量化效果仍不显著，主要原因如下：

(1)试验误差。心墙中缺陷尺寸相对较小，约为整个测试断面的千分之一，致使测试数据的精度要求较高，但由于受场地限制、敲击力度不均匀、探头与接触面耦合不良等，采集的数据有时存在较大偏差，难以达到要求。

(2)网格划分不密。由于心墙中缺陷尺寸相对较小，要获得足够的分辨率，需要尽可能地细分网格，这样虽然缺陷位置和大小的准确性要比网格划分较疏时稍有改善，但会大幅增加工作量。

（3）探测波波长。探测波波长越短，解析能力越高，但由此带来的高频率使波在组成复杂的结构物中容易消散，而在土石介质中高频波衰减较快，因而成像效果不明显。

6.4.3　成像结果与实测渗漏范围的对比分析

实测模型渗漏范围示意图如图 6.35 所示。模型 1 的测压管水头相对高程分别为 48cm、41cm 和 22cm，模型 4 的测压管水头相对高程分别为 89cm、58cm 和 21cm。实测模型下游渗流浸润线示意图如图 6.36 所示。可以看出，实测渗漏范围与电阻率异常范围基本一致。同时，从电阻率成像结果还可以看出，在浸润线以上电阻率大，位于浸润线附近电阻率变化较快，浸润线以下电阻率小，这与渗漏模型岩土体的含水量变化趋势相吻合。

对比实测渗漏范围与波速异常范围可以看出，在测线 W1 剖面上波速异常范围比实际渗漏范围大，而在测线 W2 剖面上波速异常范围比实际渗漏范围小，由此可反映出纵波波速对土石复合介质中含水量微弱变化的敏感性较低。

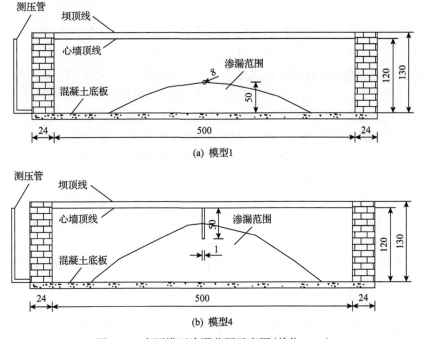

图 6.35　实测模型渗漏范围示意图（单位：cm）

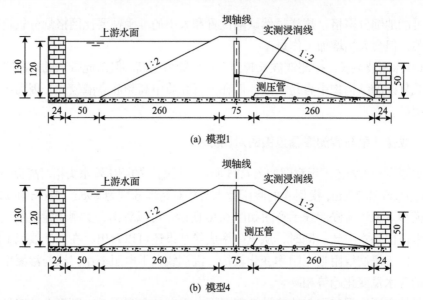

(a) 模型1

(b) 模型4

图 6.36　实测模型下游渗流浸润线示意图(单位：cm)

6.5　本 章 小 结

本章首先对土石复合试件的波电参数测试方法进行了研究,重点研究了土石复合介质剪切波波速的测试方法,并通过数值模拟和室内试验对该测试方法进行了修正,提高了测试的精度。在此基础上,设计制作了含 5 种不同渗漏通道的土石堤坝物理模型,通过采集波电场数据,将电阻率成像和波速成像结果与实际模型隐患设置进行对比,研究了各自的优缺点,进一步通过将电阻率成像和波速成像结果与实测渗漏范围对比,验证了测试结果的可靠性。研究结论如下:

(1)综合数值模拟和室内试验的研究结果,对测试剪切波波速的方法进行了修正。若采用《土工试验方法标准》(GB/T 50123—2019)[7]规定的直径 15.2cm、长 12cm 的圆柱形击实试件作为剪切波波速的测试试件,则应利用修正系数对测试结果进行修正;考虑到直径 20cm、长 12cm 的圆柱形击实试件的波场受干扰较小,建议采用该尺寸的试件作为测试试件。

(2)采用电阻率成像技术和波速成像技术,分别对 5 种土石堤坝渗漏模型进行了诊断,结果表明,电阻率成像分布和波速成像分布基本能够反映土石堤坝渗漏通道的位置和渗漏范围的大小。

(3)电阻率对土石堤坝坝体含水量的变化极其敏感,电阻率成像对于诊断坝体的渗漏范围具有较高的精度,但在圈定心墙的渗漏通道时,所获得的电阻率异常区域比实际渗漏通道要大,因此要准确划定心墙的渗漏通道,还必须借助其他辅助方法。由于纵波波速对土石复合介质中含水量微弱变化的敏感性较低，在利用波速成像诊断坝体的渗漏范围时，其效果取决于含水量的变化幅度，对于含水量变化较小的区域，其精度较低，但波速成像对于确定心墙的渗漏通道具有较高的精度，这正好弥补了电阻率成像的缺陷和不足。因此，在土石堤坝渗漏诊断中，单纯的电阻率成像和波速成像都具有一定的局限性，而联合电阻率成像和波速成像能较好地诊断出坝体和心墙的渗漏通道。

参 考 文 献

[1] Nazarian S. In situ shear wave velocities from spectral analysis of surface wave[C]//Proceedings of 8th Conference on Earthquake Engineering, San Francisco, 1984: 31-38.

[2] Bodare A M, Assarsch K. Determination of shear wave velocity by different cross-hole method [C]//Proceeding of the 8th World Conference on Earthquake Engineering, San Francisco, 1984: 39-45.

[3] Hardin B O, Richare E. Elastic wave velocities in granular soils[J]. Divisions Proceedings of the American Society of Civil Engineers, 1963, 89: 3-65.

[4] Shirley D J, Hampton L D. Shear-wave measurements in laboratory sediments[J]. The Journal of the Acoustical Society of America, 1978, 63(2): 607-613.

[5] 郑志华, 王德润, 张志毅. 土样剪切波速超声测试装置与方法研究[J]. 世界地震工程, 2002, 18(3): 42-47.

[6] 赵明阶, 荣耀, 刘长发, 等. 一种室内击实试件的横波波速测试方法: 201210075217X[P]. 2012-07-25.

[7] 中华人民共和国住房和城乡建设部. 土工试验方法标准(GB/T 50123—2019)[S]. 北京: 中国计划出版社, 2019.

第7章 土石堤坝渗漏的三维波电场成像诊断技术及实现

为了使波电场成像诊断技术更好地用于工程实际，本章对土石堤坝渗漏的波速成像观测系统和电阻率成像观测系统进行研究，并在此基础上，基于土石复合介质的波动传播特性和电阻率特性，研究土石堤坝渗漏的波电场成像解释方法；同时为了提高土石堤坝渗漏诊断图像的分析精度，结合最大限度保留图像信息的小波变换降噪图像处理方法，开发土石堤坝渗漏诊断图像处理软件，并研究土石堤坝渗漏的三维波电场成像诊断技术实施程序，为开展工程应用奠定基础。

7.1 土石堤坝渗漏波电场成像诊断的观测系统

7.1.1 波速成像的观测系统

1. 纵横波成像观测系统

利用手锤在激发点施加一小冲击扰动力，激发一应力波沿坝体传播，然后利用检波器接收由初始信号经过坝体的时程曲线（或称为波形），同时利用信号采集分析仪对波形进行采集。测点布置图如图 7.1 所示。测点可沿坝轴向布置，也可沿坝横向布置。沿坝轴向布置测点时测试坝底反射波，坝横向布置测点时测试坝体透射波。

典型弹性波的传播序列如图 7.2 所示。对于直达波，第一个起跳点即为纵波的初至，第二个高振幅起跳点即为横波的初至。

2. 基于面波测试的横波成像观测系统

采用纵横波观测系统时，如果沿坝轴线布置测点，需要提取反射波信号，但在土石堤坝中提取反射波往往具有一定的局限性，同时对反射波的识别也存在一定的困难。为了保证沿坝轴线布置测点时能获得有效波速，提出采用面波测试信息获取横波波速。

瞬态瑞利波谱分析法由于测试简单、数据处理快捷，在岩土工程中得到广泛的应用。瞬态瑞利波谱分析法测试原理如图 7.3 所示。通过对一次地面冲击下两个不同位置检波器所获得的多频信号进行频谱分析，来确定相位差与频率的关系，

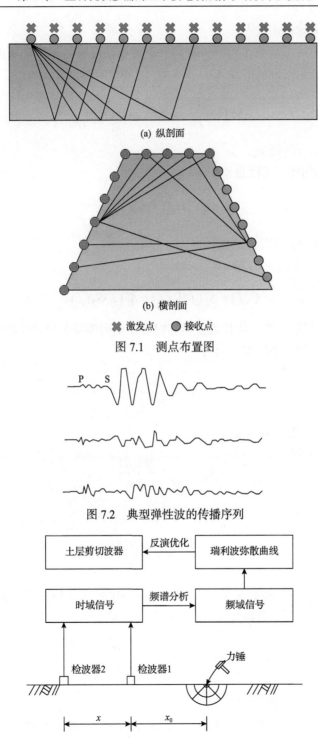

(a) 纵剖面

(b) 横剖面

✖ 激发点   ● 接收点

图 7.1   测点布置图

图 7.2   典型弹性波的传播序列

图 7.3   瞬态瑞利波谱分析法测试原理

由此得到瑞利波弥散曲线[1]。

在地表竖向冲击荷载作用下，距离一定远处的检波器 1 和 2 所接收的基本上是瑞利波（R 波）竖向分量信号 $A_1(t)$ 和 $A_2(t)$。信号的傅里叶变换为

$$S(f) = \int_0^\infty A(t)\exp(-2\pi \mathrm{i} ft)\,\mathrm{d}t \tag{7.1}$$

式中，f 为频率；t 为时间。

相应的自功率谱（又称自相关谱）定义为

$$G(f) = S(f)S^*(f) \tag{7.2}$$

式中，$S^*(f)$ 为 $S(f)$ 的共轭复数。

信号 1、2 的互功率谱为

$$C(f) = S_2^*(f)S_1(f) = S_1^*(f)S_2(f) \tag{7.3}$$

式中，$C(f)$ 为复数，其相位代表波传播过程中的时间滞后所产生的相位差 $\Delta\varphi$。

波在检波器间传播所需时间为

$$\Delta t = \frac{\Delta\varphi}{360 f} \tag{7.4}$$

与频率 f 对应的瑞利波波速为

$$v_\mathrm{R} = \frac{x}{\Delta t} = \frac{360 fD}{\Delta\varphi} \tag{7.5}$$

瑞利波波长为

$$\lambda_\mathrm{R} = \frac{v_\mathrm{R}}{f} = \frac{360 D}{\Delta\varphi} \tag{7.6}$$

式（7.5）和式（7.6）构成了瞬态瑞利波谱分析法计算瑞利波波速弥散曲线的基本公式。两信号的相干分析是求其相干函数谱，即

$$\gamma(f) = \frac{C(f)C^*(f)}{G_1(f)G_2(f)} \tag{7.7}$$

式中，$C^*(f)$ 为 $C(f)$ 的共轭复数。

相干函数如果在某频段上接近于 1，表示两信号具有良好的相干性。一般噪声、测试系统的非线性以及信号的多方向输入都可能引起相干函数的降低，在实

际测试中，首先要确定相干函数值大于某一界限值(如 0.85)的频段，并在其上识读与频率相应的相位差 $\Delta\varphi$，然后分别求出瑞利波波速和相应波长，得到瑞利波的实测弥散曲线，从而反演剪切波波速。

7.1.2　电阻率成像的观测系统

电阻率法的电极排列方式原则上采用二极方式，但此方法必须增设两个无穷远极，这样就给实际工作带来了很大的不便。因此，电阻率成像在实际工作时，采用三电势电极系将温纳(A-M-N-B)、偶极(A-B-M-N)、微分(A-M-B-N)三种不同装置按一定方式组合后构成一种统一测量系统，其三种方式分别称为 α、β、γ 装置。当点距为 a 时，其极距的设定满足如下关系式[2]：

$$Z = na \tag{7.8}$$

式中，n 为隔离系数。

在使用三电势电极系时，其供电电极在测量电极之间所产生的电势差有如下关系：

$$\nabla U^{\alpha} = \nabla U^{\beta} + \nabla U^{\gamma} \tag{7.9}$$

当供电电流为一定值时，三者之间的阻抗关系满足

$$R^{\alpha} = R^{\beta} + R^{\gamma} \tag{7.10}$$

引入视电阻率和装置系数 K，可得

$$\frac{\rho_s^{\alpha}}{K^{\alpha}} = \frac{\rho_s^{\beta}}{K^{\beta}} + \frac{\rho_s^{\gamma}}{K^{\gamma}} \tag{7.11}$$

整理式(7.11)可得

$$\rho_s^{\alpha} = \frac{K^{\alpha}}{\dfrac{\rho_s^{\beta}}{K^{\beta}} + \dfrac{\rho_s^{\gamma}}{K^{\gamma}}} = \frac{K^{\alpha}}{K^{\beta}}\rho_s^{\beta} + \frac{K^{\alpha}}{K^{\gamma}}\rho_s^{\gamma} \tag{7.12}$$

当极距为 z 的三种排列装置(即 α、β、γ 装置)的装置系数 K 依次为：$K^{\alpha} = 2\pi z$、$K^{\beta} = 6\pi z$、$K^{\gamma} = 3\pi z$ 时，式(7.12)可依次写为

$$\rho_s^{\alpha} = \frac{1}{3}\rho_s^{\beta} + \frac{2}{3}\rho_s^{\gamma} \tag{7.13}$$

$$\rho_{s}^{\beta} = 3\rho_{s}^{\alpha} - 2\rho_{s}^{\gamma} \qquad\qquad (7.14)$$

$$\rho_{s}^{\gamma} = \frac{1}{2}(3\rho_{s}^{\alpha} - \rho_{s}^{\beta}) \qquad\qquad (7.15)$$

从式(7.13)~式(7.15)可以看出,当已知其中任意两种视电阻率参数时,就可计算出第三种视电阻率参数。

在野外进行电阻率法测量时,一次可布置几十到几百根电极。利用仪器的电极自动转换开关,可将每四个相邻电极进行一次组合测量,从而在一个测点可以得到多种组合的测量参数。当隔离系数 n 不断增大,即测量深度不断增加时,测点便逐渐减少,使得整个测量断面呈倒三角状分布。电阻率成像测量示意图如图 7.4 所示。

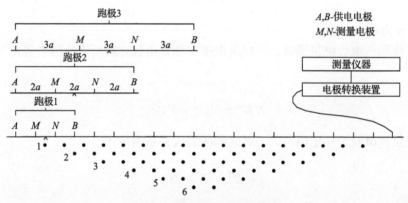

图 7.4　电阻率成像测量示意图

当在地面布设点电源时,便在大地中产生地电场。地表距点电源不同距离的电势分布是相关范围内地电特征的综合反映。图 7.5 为电阻率成像实现原理示意图。通过地表布设的一系列电极,不断改变供电电极的位置,测得相关位置的电势分布,以达到对不同深度的探测目的。

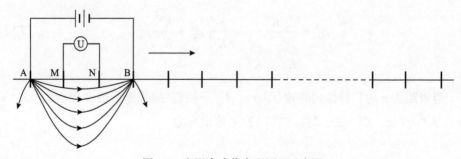

图 7.5　电阻率成像实现原理示意图

在地表水平，地下半空间被导电性均匀的岩石所充满的特定条件下，若通过地面点电流 $A(+)$ 和 $B(-)$ 向地下供入电流 I 时，根据点电源电场的基本公式，求得地面任意两点 M 和 N 处的电势，即

$$U_M = \frac{I\rho}{2\pi}\left(\frac{1}{AM} - \frac{1}{BM}\right) \tag{7.16}$$

$$U_N = \frac{I\rho}{2\pi}\left(\frac{1}{AN} - \frac{1}{BN}\right) \tag{7.17}$$

M 和 N 两点之间的电势差为

$$\Delta U_{MN} = U_M - U_N = \frac{I\rho}{2\pi}\left(\frac{1}{AM} - \frac{1}{AN} - \frac{1}{BM} + \frac{1}{BN}\right) \tag{7.18}$$

式 (7.18) 可以改写为

$$\rho = \frac{2\pi}{\dfrac{1}{AM} - \dfrac{1}{AN} - \dfrac{1}{BM} + \dfrac{1}{BN}}\frac{\Delta U_{MN}}{I} \tag{7.19}$$

在实际工作中，点源 A 和 B 是通过一对供电电极将电流 I 供入地下，M 和 N 两点通过一对测量电极与观测电势差的仪器相连，并统称 A、B 为供电电极，M、N 为测量电极，AM、AN、BM、BN 分别为各电极间的水平距离。各个电极位置的几何关系通常用装置系数 K 表示，即

$$K = \frac{2\pi}{\dfrac{1}{AM} - \dfrac{1}{AN} - \dfrac{1}{BM} + \dfrac{1}{BN}} \tag{7.20}$$

可以将式 (7.19) 写成

$$\rho = K\frac{\Delta U_{MN}}{I} \tag{7.21}$$

偶极排列、微分排列、温纳排列三种电极排列方式均能够反映出土石堤坝缺陷的位置及范围，其中温纳排列反映效果最好，一次拟合方差最小。深度对测试结果的影响较明显，浅层测量数据较多，反演结果较好，精度高，与实际情况接近，深层探测数据少，精度较差。对不同隔离系数的测试结果进行对比分析，得

出隔离系数大小对测试结果的影响较大，隔离系数越小，精度越高，反之，隔离系数越大，精度越低。在实际工程中，应当根据测试深度有效选择极距和点距，既要充分考虑探测深度，又要兼顾横向分辨率。

7.2　土石堤坝渗漏波电场成像诊断的解释方法

7.2.1　基于电阻率成像的土石堤坝渗漏指数分析

通过对大量土石复合介质试件的电阻率测试试验与分析[3]，得到土石复合介质含水量、土石比、击实次数对电阻率的影响，在相同条件下以含水量最为敏感，击实次数和含石量次之。建立以含水量为基本变量的幂函数关系，即

$$\rho = aw^{-b} \tag{7.22}$$

式中，a、b 为待定系数；w 为土石复合介质的含水量；ρ 为土石复合介质的电阻率。

将土石复合介质等效为干燥土粒、干燥岩石、干燥空气和水的并联电阻模型，由于水的电阻率远小于干燥土粒、干燥岩石、干燥空气的电阻率，可将干燥土粒、干燥岩石、干燥空气的电阻率视为无穷大，而土石复合介质主要通过孔隙水导电。考虑到介质孔隙率、饱和度和含水量之间的相关关系，建立土石复合介质电阻率统计模型公式，即

$$\rho = c\rho_{w} n^{-p} S_{r}^{-q} \tag{7.23}$$

式中，c 为土性参数；n 为孔隙率；p 为孔隙率指数；q 为饱和度指数；S_{r} 为饱和度；ρ 为土石复合介质的电阻率；ρ_{w} 为孔隙水的电阻率。

比较土石复合介质电阻率统计模型和土石复合介质电阻率理论模型，反映出的电阻率的变化规律与含水量、密实度和土石比(或含石量)是完全一致的，说明提出的土石复合介质电阻率统计模型是可靠的，以含水量为基本变量描述电阻率的幂函数关系成立。

假设土石复合介质在最密实状态时的电阻率为 ρ_{max}，最优含水量为 w_{m}，它们之间应满足如下关系：

$$\rho_{max} = a_{0} w_{m}^{-b_{0}} \tag{7.24}$$

式中，a_{0}、b_{0} 为待定系数。

由现场测试获得的电阻率与坝体含水量之间的关系用式(7.22)描述，可以得到

$$\frac{\omega^{-b}}{\omega_{\mathrm{m}}^{-b_0}} = \frac{\rho}{\rho_{\max}} \qquad (7.25)$$

式中，ω^{-b} 为综合反映土石介质含水状态(包括含水量、孔隙率、饱和度)的参量。在土石堤坝渗漏诊断中，ω^{-b} 值越小，渗漏的可能性越大。

因此，定义渗漏指数为

$$S = \frac{\omega^{-b}}{\omega_{\mathrm{m}}^{-b_0}} = \frac{\rho}{\rho_{\max}} \qquad (7.26)$$

当 $S \geqslant 1$ 时，表明土石堤坝中的含水量低，此时存在两种可能，一是有可能存在渗漏通道，但未处于渗漏状态；二是土石堤坝质量良好，无渗漏隐患存在。

当 $S < 1$ 时，表明土石堤坝中的含水量高，此时可能存在渗漏隐患，而 S 越小，存在渗漏隐患的可能性越大。

根据式(7.26)可利用电阻率成像计算土石堤坝渗漏指数的分布，进而对土石堤坝的渗漏状况进行评价。

7.2.2　基于波速成像的土石堤坝压实度指标分析

本书作者通过系统研究土石复合介质的波动传播特性，推导了土石复合介质的横波波速理论公式[4]，即

$$v_{\mathrm{s}} = \frac{2.227}{\rho_{\mathrm{de}}} \left(\frac{G}{1+w} \right)^{\frac{1}{3}} h^{\frac{1}{6}} \rho_{\mathrm{d}}^{\frac{2}{3}} \qquad (7.27)$$

式中，G 为固体颗粒的剪切模量；h 为深度；v_{s} 为土石复合介质的横波波速；w 为土石复合介质的含水量；ρ_{d} 为土石复合介质的干密度；ρ_{de} 为固体颗粒的等效密度。

最密实状态下的土石复合介质可以认为是最密实状态下土和石以不同比例组合在一起的土石复合介质，此时假设石料是完全密实的(无孔隙和开口及颗粒间孔隙)，同时土处于最密实状态，则土石复合介质的最大干密度为

$$\rho_{\mathrm{dmax}} = \frac{\rho_{\mathrm{dmax\text{-}s}} f + \rho_{\mathrm{d\text{-}r}}}{1+f} \qquad (7.28)$$

式中，$\rho_{dmax\text{-}s}$ 为土体的最大干密度；$\rho_{d\text{-}r}$ 为岩石的干密度；f 为土石比(体积)。

由于岩块填料的含水量远小于土体填料，在计算土石复合介质的最优含水量时可忽略岩块填料的含水量，此时最密实状态下土石复合介质的最优含水量为

$$w_m = \frac{w_{m\text{-}s}\rho_{dmax\text{-}s}f}{\rho_{dmax\text{-}s}f + \rho_{d\text{-}r}} \tag{7.29}$$

式中，$w_{m\text{-}s}$ 为土体的最优含水量。

将式(7.28)和式(7.29)代入式(7.27)，求得最密实状态下土石复合介质的横波波速，即

$$v_{sm} = \frac{2.227}{\rho_{de}}\left(\frac{G}{1+w_m}\right)^{\frac{1}{3}}h^{\frac{1}{6}}\rho_{dmax}^{\frac{2}{3}} \tag{7.30}$$

式中，G 为固体颗粒的剪切模量；h 为深度；v_{sm} 为最密实状态下土石复合介质的横波波速；w_m 为最密实状态下土石复合介质的最优含水量；ρ_{dmax} 为土石复合介质的最大干密度。

式(7.30)表明，可通过室内试验测定土料、石料的物理力学参数，从理论上计算出土石复合介质在最密实状态下的横波波速。

压实度指标公式为

$$K = \frac{\rho_d}{\rho_{dmax}} \tag{7.31}$$

式中，K 为土石堤坝的压实度。

将式(7.27)和式(7.30)代入式(7.31)，可以得到

$$K = \left(\frac{v_s}{v_{sm}}\right)^{\frac{3}{2}}\left(\frac{1+w}{1+w_m}\right)^{\frac{1}{2}} \tag{7.32}$$

式中，v_s 为现场测试的土石复合介质的横波波速；v_{sm} 为最密实状态下土石复合介质的横波波速；w 为土石复合介质的含水量；w_m 为最密实状态下土石复合介质的最优含水量。

利用式(7.32)，通过在现场测得土石堤坝含水量和室内测试土石复合介质物性指标，可以将土石堤坝的波速分布图像转换为反映土石堤坝压实质量的压实度指标分布图像，从而对电阻率成像中 $S \geqslant 1$ 时土石堤坝是否存在渗漏通道进行进一步的判断。

7.2.3　土石堤坝渗漏成像的评定准则

从土石堤坝的波速成像和电阻率成像反映出的异常区可以看出渗漏的范围和部位，但需要专业技术人员进行分析和解释。为了便于利用土石堤坝的波速和电阻率分布图像直观解释渗漏的范围、部位及性质，基于波速和电阻率分布图像提出了土石堤坝渗漏的评定指标，即土石堤坝渗漏指数和压实度指标。下面根据这两个评定指标给出土石堤坝渗漏的评定准则：

（1）当 $S \geqslant 1$ 时，表明土石堤坝中的含水量低，此时土石堤坝是否存在渗漏隐患，需要采用压实度指标进行确定，当 K 大于等于设计要求的压实度时，土石堤坝质量良好，无渗漏隐患存在；当 K 小于设计要求的压实度时，可能存在渗漏通道，K 越小，这种可能性越大。

（2）当 $S < 1$ 时，表明土石堤坝中的含水量较高，此时土石堤坝可能存在渗漏隐患，而 S 越小，存在渗漏隐患的概率越大，此时 K 应该小于设计要求的压实度时，否则成像获得的异常区域存在误差。

7.3　土石堤坝三维波电场图像的处理方法

土石堤坝渗漏诊断图像处理软件是在 Windows 操作系统下，综合利用不同开发工具的优势，借助软件工程的设计原则和面向对象的程序设计方法开发的。系统开发从客户需求出发，充分体现软件的商业化价值和工程化设计原则，系统具备丰富的图形交互环境和图形交互功能，具有一定的实用价值。

1. 图像处理软件系统结构

对土石堤坝渗漏诊断图像处理软件系统的研制过程整体研究，其软件系统的架构主要有两方面：数据与用户操作界面。数据是土石堤坝渗漏诊断图像处理软件系统的核心，主要进行数据处理、分析；用户操作界面则是客户的硬性需求，开发具有良好可视化的界面更是市场的需要。

土石堤坝渗漏诊断图像处理软件系统需要通过波速采集仪和电阻率采集仪采集数据，数据来源路径鲜明。通过模型或者实际土石堤坝工程使用波速采集仪和电阻率采集仪采集数据，采用控制器控制原始数据的输出，将原始数据导入土石堤坝渗漏诊断图像处理软件系统，依据各自需求求解相关问题。土石堤坝渗漏诊断图像处理软件系统总体设计方案结构框架如图 7.6 所示。

土石堤坝渗漏诊断图像处理软件系统对测试数据的相关处理和具体模块的控制等方面的工作需要借助终端平台相互配合实现，土石堤坝渗漏诊断图像处理软件系统的终端平台开发亦极其重要。

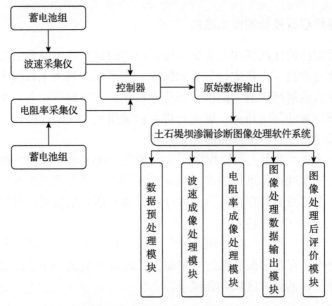

图 7.6　土石堤坝渗漏诊断图像处理软件系统总体设计方案结构框架

2. 可视化界面开发任务分析

通过对土石堤坝渗漏诊断图像处理软件系统研制方案的分析研究，可知土石堤坝渗漏诊断图像处理软件系统界面面临的开发任务有以下几个：

(1)数据转换。原始数据由波速成像仪和电阻率成像仪采集，数据有不同的格式，需要对数据格式进行分析，转换为位图文件用于后期处理。

(2)控制。土石堤坝渗漏诊断图像处理软件系统界面的控制任务主要为土石堤坝渗漏诊断图像处理软件系统的启动与关闭、文件存储、图像处理评价、可靠度分析等，通过具体代码实现指令的传送。在不同的指令方式下，相应的界面控制任务都能较好地解决。

(3)监控与提示。土石堤坝渗漏诊断图像处理软件系统界面提供了可视化监控和信息提示功能，结合对图像的实际处理，输出相应的评价指标并提示处理的效果优劣。

3. 土石堤坝渗漏诊断图像处理软件的实现

1)软件可视化界面设计

基于小波阈值滤波去噪方法，结合 Kirsch 算子提取土石堤坝渗漏诊断图像数字特征信息，采用 Visual Basic、Matlab 语言联合编程开发了土石堤坝渗漏诊断图像处理软件系统 1.0。系统主界面如图 7.7 所示。

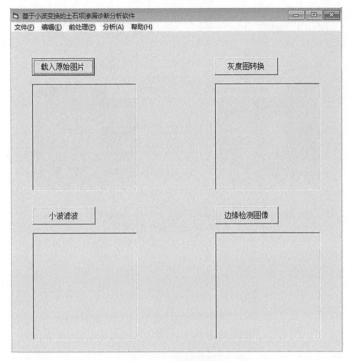

图 7.7　系统主界面

土石堤坝渗漏诊断图像处理软件系统使用步骤如下：

(1)载入原始数据文件。

(2)灰度图转换。

(3)选取小波变换函数。

(4)确定小波阈值。

(5)生成小波变换处理后图像。

(6)图像的有效信息提取(渗漏区域判定、渗漏精度评价)。

(7)图像的可靠性、精度等评价。

2)数据文件输入与输出

(1)数据输入文件。

原始文件的输入可通过菜单栏中"文件"选项卡或者通过窗口"载入原始图片"按钮载入原始数据，原始数据格式为 .bmp、.jpg 和 .jpeg。

(2)数据输出文件。

通过土石堤坝渗漏诊断图像处理软件系统处理的图像数据输出均由使用者点击相对应菜单选项弹出相应的计算结果对话框表示，菜单选项弹出对话框如图 7.8 所示。

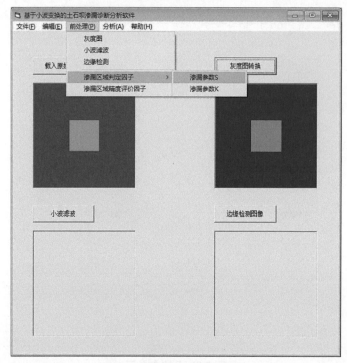

图 7.8 菜单选项弹出对话框

7.4 土石堤坝渗漏的三维波电场成像诊断技术实施程序

1. 土石堤坝渗漏类型的调查

对需进行诊断的土石堤坝的调查内容包括：土石堤坝类型、土石堤坝修建的时间、运行年限、运行状况、当前蓄水水位、坝体材料类型、坝基类型及渗漏表观现象和部位。

(1)初步判断土石堤坝的渗漏类型，主要包括坝体渗漏、坝基渗漏、绕坝渗漏、涵洞周围渗漏和白蚁洞穴渗漏等。

(2)土石堤坝纵横断面测试，对土石堤坝渗漏地段的地表标高进行测量，获取实时成像的断面高程数据。

(3)土石堤坝筑坝材料的现场取样与物理力学参数测试，对筑坝材料进行室内击实试验，获取筑坝材料的最优含水量、最大干密度、土石比、最大纵横波波速以及所含岩石的容重和纵横波波速，同时测试所含土体最优含水量、最大干密度和最大纵横波波速。

2. 诊断方法的选择

诊断方法的选择应根据土石堤坝类型、运行状况、当前蓄水水位、坝体材料类型、坝基类型、渗漏表观部位以及渗漏类型综合考虑。一般情况下:

(1)对于满库运行的土石堤坝,渗漏正在发生时,渗漏通道被水充满,可直接选择电阻率成像进行诊断。

(2)对于土石堤坝加固诊断,渗漏通道未被水充满,应联合使用电阻率成像和波速成像进行诊断。

(3)对于土石堤坝坝基与坝体介质波阻抗差异较小时,波速成像可采用基于面波测试的横波成像观测系统进行诊断。

3. 波速成像技术的实施

(1)测线布置。根据每层碾压区域的尺寸进行测线布设,测线间距以保证能反映整个碾压区域的压实质量分布情况为原则,过密的测线布设将增大测试工作量,过疏的测线布设使得测线不能有效反映整个区域的压实质量。每次测试时的测线位置应保证其在空间上的对应性。

(2)测试装置。波速成像的测试装置采用反射波或透射波测试系统,如果反射波测试装置难以提取反射波,可采用基于面波的横波成像系统进行测试。所有测试装置的点距选择均应根据测试深度和横向分辨率综合确定。

(3)数据采集。将皮尺固定在测线上,将测试探头(振动传感器)按照设计间距安放在测线上,使其与待测填方体接触良好。将导线与测量仪连接起来,打开仪器,设置测量所需各个参数,包括工地名、文件名、日期及采样间隔、采样点数、触发方式、延迟时间、发射脉宽、放大倍数等。对各通道进行接地检测,检测与土石混合料接触良好后,开始采集数据,采集完毕后,将采集的数据导入计算机存储,待处理。

(4)波速成像数据处理。数据采集完后,将其导入计算机,采用波速成像正反演理论进行实测数据成像,成像处理过程中,交互式控制反演进程,随时暂停或终止反演,回放反演过程,比较迭代反演结果。

(5)图形滤波处理。由于反演问题本身的不确定性,检测系统或待测体内部缺陷造成的射线分布不均匀以及射线追踪、检测数据和计算舍入等带来的误差,反演结果中包含多种噪声,为减弱噪声去除伪像,需要采用适当的后处理方法,以提高成像结果的分辨率、可读性和可靠性。因此,由波速成像的图像需进行中值滤波和聚类分析后处理。

(6)图形显示与异常分析。运用成像结果分析异常波速区,根据异常区大小初步圈定碾压不密实区的范围。

(7)定量评价。运用波速成像结果及室内试验指标，采用式(7.31)计算土石堤坝的压实度指标。

4. 电阻率成像技术的实施

(1)测线布置。根据渗漏部位，原则上按照纵坝向布置测线，测线间距以能查出渗漏通道的走向为原则，测线可在坝顶设置，也可在坝坡面上设置。

(2)测试装置。测试装置采用温纳测试系统，极距和点距的选择应当根据测试深度和横向分辨率综合确定。

(3)数据采集。将皮尺固定在测线上，将每一根电极按照设计间距打入坝体，使其与坝体接触良好。然后将电极与导线连接起来，检查电阻率测量仪是否正常，电池电压是否满足测量要求，确定无误后，将导线与测量仪连接起来，连接外接高压电源，打开仪器，设置测量所需各个参数，对电极进行接地检测，检测与坝体接触良好后，开始采集数据，采集完毕后，将采集的数据导入计算机存储，待处理。

(4)数据预处理。数据采集完后，将其导入计算机，进行数据预处理，为电阻率成像提供可靠的输入数据。数据预处理的内容包括交互式手工及自动数据坏点剔除、数值滤波(中值滤波、剪切滤波或均值滤波)以及远电极校正。

(5)地形改正。一般电阻率剖面法在不同地电断面上的异常曲线的特点及解释方法都是在假设地表是水平的、岩土体是各向同性的均匀介质前提条件下进行讨论的。但是在实际工作中，地表往往不是水平的，起伏较大，地表电性也不均匀，导致探测结果与实际情况存在差异。因此，必须对电剖面的地形进行必要的改正，使成像结果更加准确。

(6)电阻率成像。采用电阻率成像正反演理论进行实测数据成像，成像处理过程中，交互式控制反演进程，随时暂停或终止反演，回放反演过程，比较迭代反演结果。

(7)图形显示与异常分析。运用成像结果分析异常电阻率区域，根据电阻率大小圈定土石堤坝可能的渗漏范围。根据多条测线的成像图像，连接可能渗漏通道的空间分布。

(8)定量评价。运用电阻率成像结果和室内击实试验获得的电阻率指标，采用式(7.26)计算土石堤坝的渗漏指数。

5. 土石堤坝渗漏的波电协同评价方法

在基于电阻率成像结果和波速成像结果对土石堤坝可能渗漏范围圈定的基础

上，根据土石堤坝的渗漏指数和压实度指标分布，并结合在土石堤坝调查中获得的土石堤坝类型、运行状况、当前蓄水水位、坝体材料类型、坝基类型、渗漏表观部位以及渗漏类型等对土石堤坝渗漏进行综合分析。基于波电场成像的土石堤坝渗漏评定准则如表 7.1 所示。

表 7.1　基于波电场成像的土石堤坝渗漏评定准则

序号	压实度指标		渗漏指数		渗漏情况分析
	$K>$ 设计压实度	$K<$ 设计压实度	$S>1$	$S<1$	
1	✓	—	✓	—	压实质量好，含水程度低，无渗漏隐患
2	✓	—	—	✓	可能存在渗漏隐患，需要综合判别
3	—	✓	✓	—	可能存在渗漏隐患，需要综合判别
4	—	✓	—	✓	压实质量差，含水程度高，存在渗漏隐患

注：✓表示发生渗漏，—表示不发生渗漏。

7.5　本章小结

本章对土石堤坝渗漏的波电场耦合成像诊断的观测系统与解释方法进行了研究；同时，为了进一步提高土石堤坝渗漏诊断图像的分析精度，结合最大限度保留图像信息的小波变换降噪图像处理方法，编制开发了土石堤坝渗漏诊断图像处理软件；最后，提出了土石堤坝渗漏的三维波电场成像诊断技术实施程序。研究结论如下：

(1)在波速成像的观测系统研究中，提出了纵横波成像观测系统和基于面波测试的横波成像观测系统，这两种系统相互补充，有效地解决了在土石堤坝中提取反射波的局限性，同时也为波速成像的数据采集提供可选择的方法。

(2)提出了基于电阻率成像的土石堤坝渗漏指数分析方法和基于波速成像的土石堤坝压实度指标分析方法，并给出了土石堤坝渗漏的评定准则，为土石堤坝的渗漏状况解译奠定了科学的依据。

(3)结合最大限度保留图像信息需求，运用 Matlab 语言和 mcc 编译器执行程序，采用 Visual Basic 的三个 API 函数调用.exe 可执行程序开发了土石堤坝渗漏诊断图像处理软件。

(4)基于土石堤坝的特点及渗漏诊断的要求，给出了土石堤坝渗漏的波电场联合成像诊断技术的实施程序和操作方法。

参 考 文 献

[1] 冯锐, 李智明, 李志武, 等. 电阻率层析成像技术[J]. 中国地震, 2004, 20(1): 13-30.

[2] 孔令召, 侯兴民, 陈建立. 基于时频分析方法提取瞬态瑞利波频散曲线[J]. 地震工程与工程振动, 2008, 28(6): 8-13.

[3] 赵明阶, 李庚, 黄卫东, 等. 多相土石复合介质电阻率特性的试验研究[J]. 重庆交通大学学报(自然科学版), 2010, 29(6): 928-933.

[4] 赵明阶. 根据波速计算多相土石地基压实度的理论模型[J]. 水利学报, 2007, 38(5): 618-623.

第8章 工 程 应 用

我国大部分水库大坝为土石坝，其背水坡常常发生渗漏，若不及时处理则可能形成渗透破坏，危害坝体安全。近年来，虽然集中开展了多轮大规模的病险水库除险加固，取得了明显成效，但由于部分水库运行时间长、管理不到位等，安全隐患依然严重。为此，基于前述含隐患土石堤坝的波电场特性和成像检测方法研究成果，本章开展土石堤坝渗漏的波电场联合成像诊断技术的应用研究，通过对重庆市巴南区硫磺沟水库大坝和松树桥水库大坝等工程的现场测试和成像诊断，验证该技术的实用性和有效性，为土石堤坝的渗漏处治提供科学的决策依据。

8.1 硫磺沟水库大坝渗漏成像诊断

8.1.1 硫磺沟水库工程概况

硫磺沟水库是一座以防洪、灌溉为主，兼有养殖、经营等综合利用的V等小(2)型水利工程，位于重庆市巴南区圣灯山镇金坪村(北纬29°17′57″，东经106°37′42″)，所在流域属于长江水系右岸一级支流一品河支流。水库枢纽由大坝、溢洪道以及放水设施三部分组成，其中，大坝为均质黏土坝，于1976年动工兴建，1978年3月竣工；溢洪道于2008年建成，位于大坝右坝段，为正堰开敞式溢洪道，由进口段、控制段和泄槽段组成，全长32.6m；放水设施由浆砌条石砌筑，位于大坝右岸，为斜坡式卧管取水、矩形涵管放水，涵管最大放水流量为0.305m³/s。硫磺沟水库基本参数如表8.1所示。硫磺沟水库大坝基本参数如表8.2所示。

表 8.1　硫磺沟水库基本参数

总库容/万 m³	正常库容/万 m³	死库容/万 m³	控制流域面积/km²	有效灌溉面积/km²	主河道长度/km	河道平均比降/‰
14.06	12.46	0.51	0.2	600	0.899	95.92

表 8.2　硫磺沟水库大坝基本参数

最大坝高/m	坝顶宽度/m	坝顶长度/m	上游坝坡坡度	下游坝坡坡度	设计洪水重现期/年	校核洪水重现期/年
13.25	7.11	92	1:2.08	1:1.85、1:2	20	200

由于缺乏长期的维护和管理，蓄水运行多年的硫磺沟水库大坝患有严重的坝

体变形、破损渗漏等病害，在 2012 年 2 月水库安全综合评价中被评为三类坝，明确为存在较多安全隐患的病险坝体。为了保证其结构安全和功能，对大坝实施了除险加固，主要包括坝顶加宽硬化、前后坝坡整治、重建溢洪道与放水设施等工程措施。除险加固前后硫磺沟水库大坝如图 8.1 所示。

(a) 整治前　　　　　　　　　　　　　　(b) 整治后

图 8.1　除险加固前后硫磺沟水库大坝

硫磺沟水库大坝整治后出溢段渗流比降和单宽渗流量如表 8.3 所示。大坝整治后出溢段的渗流比降在五种工况下均小于坝体土的允许渗流比降($J_{允许}= 0.45$)，虽然大坝渗流稳定性满足规范要求，但后续现场调查发现大坝下游坝基位置仍然存在两处大面积的渗水区域，坝体渗漏情况较为严重。

表 8.3　硫磺沟水库大坝整治后出溢段渗流比降和单宽渗流量

计算工况	溢出点高程/m	渗流比降	单宽渗流量/(m³/d)
校核洪水位	485.21	0.19	0.211
设计洪水位	485.21	0.18	0.185
正常水位	485.21	0.15	0.166
死水位	485.21	0.02	0.022
校核水位快速降至死水位	485.21	0.05	——

8.1.2　硫磺沟水库现场测试与分析

1. 数据采集

为查明硫磺沟水库大坝潜在的渗漏通道，便于指导开展相关的整治施工，利用三维电场成像诊断技术对该大坝进行了现场测试。结合现场渗水情况和地形条件，在下游坡面共布设 5 条平行测线，间距为 3m，测线布置如图 8.2 所示。

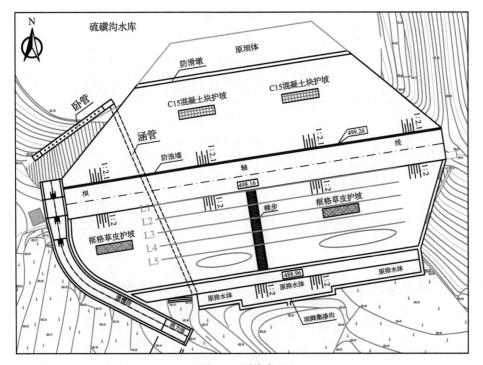

图 8.2　测线布置

　　数据采集时沿每条测线布置 60 根电极（靠近左岸一侧的首根电极设为开始电极 1），电极距为 1m；利用皮尺准确定位后，将电极打入坝体，并确保电极与坝体接触良好；采集设备为 DUK-2B 型高密度电法仪，采用温纳测试装置，最小和最大隔离系数分别设为 1 和 16。通过现场测试，每条测线可收集 552 个数据点，每个数据点包含电压、电流、电阻率等信息，5 条测线共可获得 2760 个数据点。

　　2. 渗漏诊断分析

　　将采集数据导入计算机，在计算各点坐标后，利用反演软件获得测试结果。典型的坝体电阻率水平剖面如图 8.3 所示。可以看出，在深度较浅的第 5 层和第 6 层，靠近下游坡面一侧分别存在两处低阻区；而在深度较深的第 9 层和第 10 层，

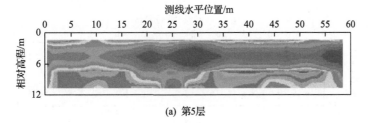

(a) 第5层

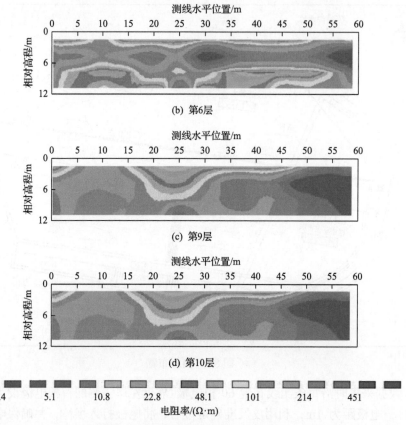

(b) 第6层

(c) 第9层

(d) 第10层

图 8.3   典型的坝体电阻率水平剖面

在坝体内部各有一处低阻区，由此综合推测在坝体内部深处存在斜向的渗漏通道通向下游坡面。

坝体电阻率沿坝轴线的剖面如图 8.4 所示。可以看出：

（1）每条测线所在断面在加入地形修正后，更能准确地反映坝体电阻率分布的实际情况。

（2）在第 1 层电阻率剖面图中，存在面积较广的低阻区，表明坝体中部深处渗漏情况比较严重。

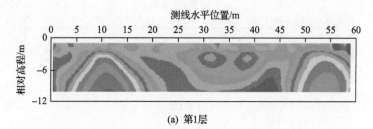

(a) 第1层

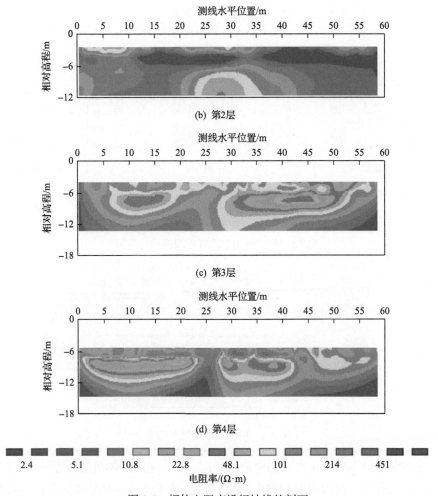

图 8.4　坝体电阻率沿坝轴线的剖面

（3）由内向外，第 3 层和第 4 层电阻率剖面图中均含有两处低阻区，而第 4 层电阻率剖面图中的两处低阻区与下游坡面渗漏区域基本吻合。由此，可进一步推测坝体内部深处存在斜向的通道通向下游坡面。

坝体电阻率垂直于坝轴线的剖面如图 8.5 所示。可以看出，在 29～32m 范围内存在一低阻区，从低阻区分布的空间形态和渗漏方向可推测出坝体内部深处存在一条斜向上的通道通向下游坡面。

综合以上不同剖面，在图 8.4 第 4 层中存在两处低阻区，与实际情况吻合，但在图 8.5 中仅有一条斜向上的渗漏通道。为了更加准确地判断坝体内部渗漏通道的分布情况，将反演后的数据导入图像处理软件，形成坝体三维电阻率图像，如图 8.6 所示。

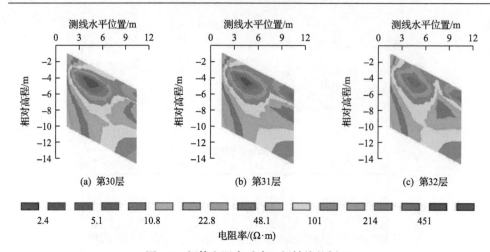

(a) 第30层　　　　　　　　　(b) 第31层　　　　　　　　　(c) 第32层

电阻率/(Ω·m)

图 8.5　坝体电阻率垂直于坝轴线的剖面

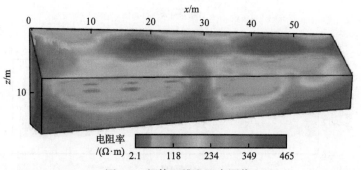

图 8.6　坝体三维电阻率图像

　　进一步运用体渲染技术对图像进行处理,坝体电阻率体渲染处理结果如图8.7所示。可以看出,由渗漏引起的大面积低阻空间区域,靠近左岸下游坡面的渗漏区域是由坝体内部深处渗漏引起的,存在一条斜向上的渗漏通道。在靠近右岸坝体内部有一条向上的渗漏通道,由于实际存在输水涵管从坝体穿过,推测该涵管可能发生了漏水现象,引起下游坡面出现渗漏区域。

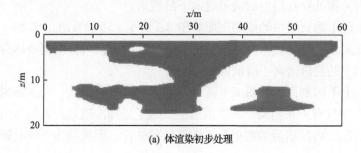

(a) 体渲染初步处理

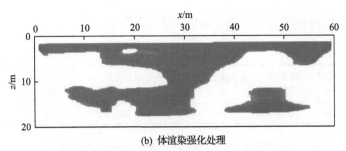

(b) 体渲染强化处理

图 8.7 坝体电阻率体渲染处理结果

根据室内试验测得坝体土料的最大电阻率 $\rho_{max} = 62.5\Omega\cdot m$，计算获得坝体渗漏指数分布如图 8.8 所示。可以看出，渗漏指数分布图像与电阻率分布图像基本吻合，进一步说明利用渗漏指数可有效评价土石堤坝的渗漏状况。

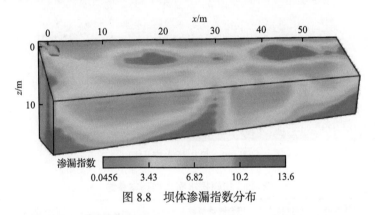

图 8.8 坝体渗漏指数分布

8.2 松树桥水库大坝渗漏成像诊断

8.2.1 松树桥水库工程概况

松树桥水库是一座以灌溉为主、兼具防洪功能等综合利用的Ⅳ等小(1)型水利工程，位于重庆市巴南区安澜镇平滩村(北纬 29°13′19″，东经 106°33′14″)，于 1958 年动工修建，1978 年投入使用，所在流域属于长江水系右岸一级支流綦江河五福支流。水库枢纽由大坝、溢洪道以及放水设施三部分组成，其中，大坝为均质黏土坝，呈弱渗透性；溢洪道位于大坝右坝端，为无闸控制开敞式，由进口段、控制段、渐变段、泄槽段、消力池组成，全长 69.85m；放水设施采用卧管隧洞式，卧管位于库内左岸坡，最大放水流量为 0.333m³/s，输水隧洞由浆砌条石砌筑，穿过大坝接入下游渠道。松树桥水库基本参数如表 8.4 所示。松树桥水库大坝如

图 8.9 所示。松树桥水库大坝基本参数如表 8.5 所示。

表 8.4　松树桥水库基本参数

总库容 /万 m³	正常库容 /万 m³	死库容 /万 m³	控制流域面积 /km²	有效灌溉面积 /km²	主河道长度 /km	河道平均比降 /‰
140.84	108.00	5.00	2.575	4401.333	3.306	20.64

图 8.9　松树桥水库大坝

表 8.5　松树桥水库大坝基本参数

最大坝高 /m	坝顶宽度 /m	坝顶长度 /m	综合渗透系数 /(m/s)	允许最大渗透比降	设计洪水 重现期/年	校核洪水 重现期/年
17.2	3.7	160	8.1×10^{-7}	0.699	30	300

　　松树桥水库在蓄水运行多年后老化、毁损严重，为保证结构安全和功能发挥，于 2008 年 9 月至 2009 年 10 月对该水库实施了除险加固。整治后的松树桥水库大坝安全性态虽然基本正常，但根据 2020 年 5 月进行的大坝安全鉴定及现场勘查发现，坝体右侧一、二级马道之间坝坡存在散浸现象，坡面长约 23m、宽约 2m 区域内土壤潮湿、杂草茂盛，且局部有清水渗出，大坝坝体仍存在一定的渗流安全隐患和风险。

8.2.2　松树桥水库现场测试与分析

1. 数据采集

　　为查明坝体内部的隐患情况，给编制合理的防渗整治方案提供支撑和依据，利用波电场成像诊断技术对松树桥水库大坝进行了现场检测与调查。波电场成像诊断现场数据采集作业如图 8.10 所示。结合现场条件，在散浸区域上方沿坡面布设两条测线 L1 和 L2。现场测线与坝体的相对位置关系如图 8.11 所示。

(a) 波速测试　　　　　　　　　　　　　　　(b) 电阻率测试

图 8.10　波电场成像诊断现场数据采集作业

图 8.11　现场测线与坝体的相对位置关系

波动信号的数据采集沿测线从右坝肩至梯步依次进行，采集设备为 GS101 高精度分布式陆地地震仪，接收排列由 12 道 6Hz 植入式垂直检波器组成，道间距 1m；使用锤击产生震源，偏移距 7m，炮间距 1m；单次采集时接收信号叠加两次，采集时长为 1000ms，完成采集后排列整体移动 1m 至下一个测点。电阻率数据采集设备为 DUK-4 全波形高密度电法仪，采用温纳测试装置，每条测线布设 60 根电极，测线 L1 上电极间距为 0.6m，测线 L2 上电极间距为 0.7m。

2. 渗漏诊断分析

利用采集数据进行反演计算与成像，得到坝体纵断面的横波波速分布和电阻率分布。其中，由于测试时各排列的中点为实际反演点，横波波速成像仅显示从首个排列中点（靠近右坝肩）到最后一个排列中点范围内的测试结果。

测线 L1 的测试成像结果如图 8.12 所示。可以看出，整个断面的横波波速分布在 142.8～295.1m/s，在右坝肩 11.5～32.5m、深 3～5m 范围内存在连续的异常低速区，该区域与邻近区域的差值约为 50m/s，推测该区域内坝体土质松散或不密实。在断面的电阻率分布图像中，在右坝肩 17～26m、深 2～5m 范围内出现异常低阻区，最低电阻率仅为 105.3Ω·m，推测该区域土体处于高含水量状态。由于两种成像中异常区高度重合，结合坝坡散浸现象及其在坡面的相对位置关系，推断该重合部位为坝体渗漏隐患。

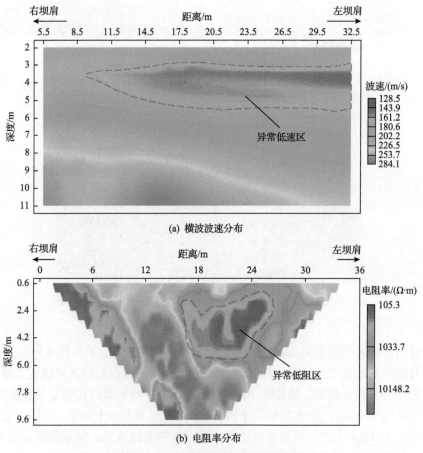

(a) 横波波速分布

(b) 电阻率分布

图 8.12　测线 L1 的测试成像结果

测线 L2 的测试成像结果如图 8.13 所示。可以看出，整体情况与测线 L1 较为类似，在断面的横波波速分布中，右坝肩 21.5～28.5m、深 7～9.5m 范围内存在异常低速区；同时在电阻率分布图像中，右坝肩 17～24m、深 4～9m 范围内出现异常低阻区，推断两异常区重合范围为坝体渗漏隐患。

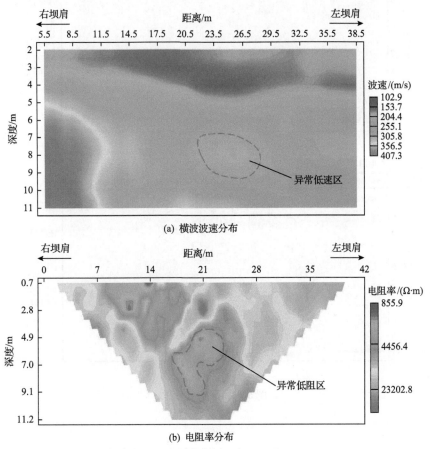

图 8.13　测线 L2 的测试成像结果

综合测线 L1 和 L2 的测试及推断结果，诊断坝体内部存在渗漏通道。

利用横波波速分布和电阻率分布，进一步反演计算获得测试断面的压实度分布和渗漏指数分布，分别如图 8.14 和图 8.15 所示。可以看出，压实度分布体现出坝体沿深度逐渐密实的总体特征，使得压实质量异常的区域得以充分凸显；同时，渗漏指数分布直观地反映出大概率或极大概率处于高含水状态的区域。根据土石堤坝波电场协同诊断的渗漏评定准则，压实质量较差且含水程度较高的重合区域被推断为渗漏区域，其在位置和范围上与前述诊断结果基本吻合，由此说明土石堤坝渗漏的波电场成像诊断技术具有较高的可行性。

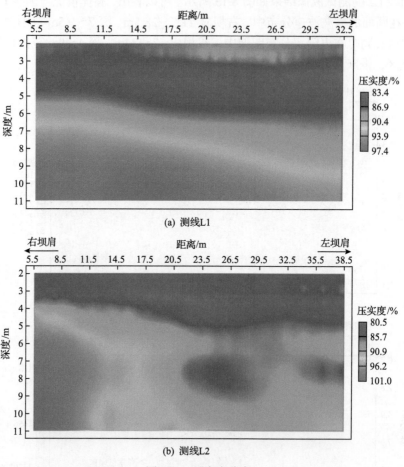

(a) 测线L1

(b) 测线L2

图 8.14　压实度分布

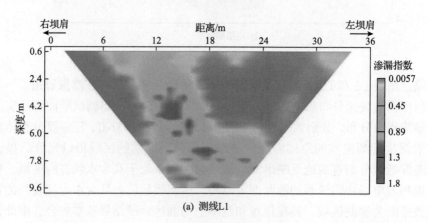

(a) 测线L1

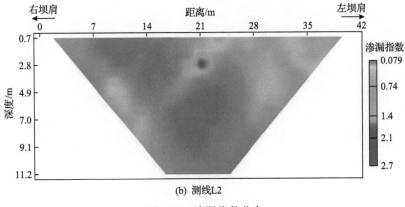

(b) 测线L2

图 8.15 渗漏指数分布

8.3 本 章 小 结

　　本章基于含隐患土石堤坝的波电场特性和成像诊断方法研究成果，利用土石堤坝渗漏的波电场成像诊断技术对在役土石坝进行渗漏检测与诊断。实际工程应用情况表明，渗漏隐患在土石堤坝波电场响应信息中的特征差异较为明显，波电场联合成像诊断技术实施过程便捷快速，可较好地确定坝体内渗漏隐患的空间分布及其相对位置。土石堤坝体物理特性的反演结果能够凸显所含隐患的信息，由此强化诊断的视觉效果与判据，实现坝体波电"透视"和隐患捕捉，这对快速无损查明渗漏路径、及时准确判定渗漏程度，从而为病险土石堤坝的安全评估和治理提供依据具有重要的意义。本书提出的土石堤坝渗漏的波电场成像诊断技术正处于应用推广阶段，仍需通过大量的工程实践使其在精细化和系统化上得到进一步的优化和提升。